U0312488

生活中的
绿色建筑

（第二版）

SHENGHUO ZHONG DE
LÜSE JIANZHU

赵先美　著

暨南大学出版社
JINAN UNIVERSITY PRESS

中国·广州

图书在版编目（CIP）数据

生活中的绿色建筑/赵先美著 . —2 版 . —广州：暨南大学出版社，2021.1
ISBN 978 – 7 – 5668 – 3047 – 0

Ⅰ.①生…　Ⅱ.①赵…　Ⅲ.①生态建筑—基本知识　Ⅳ.①TU – 023

中国版本图书馆 CIP 数据核字（2020）第 220216 号

生活中的绿色建筑（第二版）
SHENGHUO ZHONG DE LÜSE JIANZHU（DIERBAN）
著　者：赵先美

出 版 人：张晋升
责任编辑：潘雅琴　梁念慈
责任校对：黄　球　陈皓琳　孙劭贤
责任印制：汤慧君　周一丹

出版发行：暨南大学出版社（510630）
电　　话：总编室（8620）85221601
　　　　　营销部（8620）85225284　85228291　85228292　85226712
传　　真：（8620）85221583（办公室）　85223774（营销部）
网　　址：http：//www.jnupress.com
排　　版：广州良弓广告有限公司
印　　刷：佛山市浩文彩色印刷有限公司
开　　本：787mm×960mm　1/16
印　　张：17.75
字　　数：281 千
版　　次：2019 年 7 月第 1 版　2021 年 1 月第 2 版
印　　次：2021 年 1 月第 2 次
定　　价：59.80 元

（暨大版图书如有印装质量问题，请与出版社总编室联系调换）

第二版前言

自《生活中的绿色建筑》第一版出版以来，取得了良好的社会效益和经济效益。为适应当前关于绿色建筑、建筑节能以及智能建筑等方面的新技术日新月异的发展，在广泛征求读者意见的基础上，我们决定出版《生活中的绿色建筑》第二版。

第二版保留了第一版的基本内容和特色，针对当前乃至今后关于绿色建筑、建筑节能以及智能建筑等方面的新技术发展态势，增添了"绿色建筑的运营管理"一章，具体包括绿色建筑运营管理的基本要求、绿色建筑运营管理的构建、绿色建筑的智能化（含安全防范系统、管理与监控系统、通信网络系统、消防控制系统，介绍了具有代表性的智能型住宅案例）、部分发达国家绿色建筑的评价标准（包括美国、英国、加拿大、日本、德国、澳大利亚、新加坡等国）。

此次再版还对最后一章"国内外典型绿色建筑"的内容进行了补充，增加了部分内容：日本的五层联排别墅、透明房子及树枝建筑；德国斯图加特零能耗中央车站；*edie* 杂志评选的 2019 年欧洲十大绿色建筑，包括英国彭博社伦敦总部、英国剑桥"生态清真寺"、比利时最大的太阳能屋顶、英国伦敦"水晶大厦"、英国曼彻斯特天使广场、荷兰蒂尔堡"The Tube"、荷兰阿姆斯特丹"The Edge"、西班牙马托雷尔工厂、匈牙利布达佩斯斯堪斯卡办公室、宜家英国格林尼治店。还有对新加坡典型绿色建筑的说明等。同时，在第一版的基础上，对第一章至第五章内容也进行了充实。

本书图文并茂，内容新颖、丰富，结合大量案例及插图，向广大读者，特别是青少年介绍了日常生活中关于绿色建筑、低碳建筑、建筑节能以及智能建筑等方面的知识，为大众普及绿色建筑的知识，以期增强低碳节能的生活意识，提高节能环保的责任感和使命感。本书在撰写中尽量顾及普通读者的需求，集科学性、思想性、实用性、可读性和趣味性于一体，使绿色建筑、建筑节地、建筑节能、建筑节水、建筑节材等方面的知识深入人心。

　　本书的出版得到了暨南大学出版社潘雅琴副编审的支持与帮助，她的许多意见及建议，都为本书增色不少。本书由华南理工大学教授、博士生导师简弃非主审。在此一并致谢！

作　者

2020 年 8 月

前　言

　　能源与环境问题已成为当今世界最为关注的热点问题，各国都从本国国情出发解决面临的实际问题。我国由于人均能源资源缺乏，尤其是石油、天然气、淡水更为短缺，中国人均原油储量仅为世界人均储量的12%，天然气为6%，水资源为25%，森林资源为16.7%，煤炭为50%。我国单位GDP能耗是日本的7倍、美国的6倍，废弃物排放水平大大高于发达国家水平。而各类建筑则消耗40%的能源，16%的水资源，并释放50%的二氧化碳排放量。当前我国又处于经济高速发展期，每年建成房屋面积近20亿平方米，其中相当一部分为高耗能建筑。而我们周围，浪费水、电、材、地等的现象随处可见，因此，大力开展有关绿色建筑、低碳建筑的全民科普教育，从我做起，减少甚至杜绝日常生活中的浪费现象，很有必要。

　　本书主要介绍了资源、建筑与环境常识，绿色建筑概念，绿色建筑是如何节地、节能、节水、节材的，以及国内外典型绿色建筑等方面的知识。

　　书中首先介绍了我国的资源、环境及建筑能耗现状，绿色建筑的概念、特点及发展原则，绿色建筑的室内外环境，我国绿色建筑评价标准以及具体控制指标。

　　绿色建筑节地部分主要介绍了我国的建筑用地现状，以及国内外的节地措施，如加强建筑用地控制，适当控制建筑密度，充分开发建筑地下空间，合理控制公共服务设施，对旧建筑进行改造再利用，充分利用废弃土地等。

　　绿色建筑节能部分首先介绍了影响建筑能耗的各种因素，然后分别从暖通空调、采光照明、电器、给排水、建筑围护结构、建材、遮阳、隔热保温、屋面绿化等方面介绍了各种节能降耗措施，并对太阳能、地热能及风能等可再生能源在绿色建筑中的应用进行了详细说明。

　　绿色建筑节水部分主要介绍了各种建筑用水定额、我国各地区生活用水标准、生活饮用水卫生指标。我国建筑节水现状，重点介绍了节水技巧，如节水设计，绿色给排水设计及施工，水资源的合理利用，中水回收及再利用方法，雨水收集及利用技术，以及海水淡化和利用等。

绿色建筑节材部分介绍了绿色建材的概念，绿色建筑的常用材料，如常规材料、循环再生材料、乡土材料及特殊功能材料，并具体介绍了一些绿色建筑节材措施，如节材设计，大力推广应用绿色环保建筑材料，建材资源化循环利用及绿色施工等。

国内外典型绿色建筑部分，主要介绍了一些国内外典型的绿色建筑，其中，国内绿色建筑有深圳建科大楼、上海生态建筑示范楼、上海世博园零碳馆、万科馆及沪上—生态家、清华大学环境能源楼、日月坛·微排大厦及首都机场 T3 航站楼等；国外绿色建筑有美国建筑师协会评选的"世界十大绿色建筑"、日本的"零排放住宅"以及丹麦的"绿色灯塔"等。

本书结合大量案例及插图，内容新颖，资料丰富，试图以通俗易懂的语言、图文并茂的科普形式向广大读者推介日常生活中的绿色建筑、低碳建筑知识，以提高人们的节能低碳生活素养，从而树立节约意识及观念，形成节能低碳的生活习惯，增强节约资源与保护环境的责任感和使命感。

本书从读者需求出发，把科学性、思想性、实用性、可读性和趣味性有机结合起来，使各种绿色建筑、低碳建筑知识深入人心。该书适合普通大众，特别是广大青少年学生和老年读者阅读，也可作为各级各类学校的科学普及读物，还可作为公务员、企事业单位员工学习绿色建筑、低碳建筑知识的参考用书。

本书的出版得到了暨南大学出版社潘雅琴副编审的大力支持与帮助，她对本书的构思、撰写及体例，均提出了许多有益的建议，为本书增色不少。此外，本书由华南理工大学教授、博士生导师简弃非主审。特此一并致谢！

作　者

2019 年 7 月

目 录
contents

第一章

资源、建筑与环境

一、 资源与建筑

(一) 我国的资源现状

人口、资源、环境是 21 世纪制约人类社会发展的三大因素。近年来，资源与环境已成为世界各国最为关注的热点，各国纷纷从自己的国情出发，研究如何解决资源与环境问题。

1. 土地资源

土地是人类生存的基本条件和生活资料的主要来源，作为资产，它可以产生财富。中国人口众多，吃饭问题始终是第一位，要解决这个问题就必须对土地进行近乎残酷的开发和利用；中国是一个发展中国家，经济正处在发展阶段，基础设施、城市化建设都需要大量的土地做保证；中国又是生态环境较为脆弱的国家，必须建设和维持稳定的生态环境。这三个方面，可以说都对土地提出了持续增长的数量需求和质量安全需求，使土地成为食物生产、经济发展和生态环境建设争夺的焦点。

根据调查可知，发达国家城市人均建设用地为 82.4 平方米，发展中国家城市人均建设用地为 83.3 平方米，而目前我国城市人均建设用地为 101.2 平方米，明显高于其他国家。然而，我国城市土地利用效率低下却是不争的事实。目前，我国城市土地有 4% ~5% 处于闲置状态，40% 左右被低效利用，若按土地低效利用相当于 1/4 的闲置土地来推算，空闲土地占城市用地的 14% ~15% 。

2. 能源

在我国化石能源资源探明储量中，90% 以上是煤炭。不管是现在还是将来（直到 2050 年或更晚），煤仍是我国的能源主力。

2002 年，中国石油需求量跃居世界第二；2010 年 2 月，中国原油进口量达 1 851 万吨，中国能源的对外依存度超过 50% ，由此引起了一系列的能源安全问题。由于我国石油短缺，车用液体燃料还是得从煤基替代燃料上找出路。在我国推广粮食乙醇，从长远发展的角度来看，很难实行下去。按现有技术水平来分析，5 吨粮食作 1 吨汽油当量，此外还要消耗 0.5 ~0.8 吨的煤用于发酵和脱水。若生产 1 000 万吨汽油当量，需用粮食 5 000 万吨，占我国粮食总产量的十分之一，这显然是不现实的。当然，可以考虑用木薯和甜高粱等其他作物来生产乙醇，或用秸秆及其他纤维素来制造（目前技术还没有完全商业化），但后者存在大规模收集与运输问题。

可再生能源（主要指风能、太阳能和生物质能）在 2020 年以前，很难在我国能源比例中占有一定分量，这和欧洲国家有所不同。一些欧洲国家，它们的总能耗已不再增长或增长很少，可再生能源正逐步替代目前使用的化石能源。而我国却处于总能耗急剧增长之中，单是发电设备（其中主要是以燃煤的方式发电），每年增长的装机容量达 60 ~ 80 吉瓦。在这种高速增长量中，可再生能源所能起的作用是非常有限的，更不用说去替代原有的化石能源。譬如说，按国家规划，到 2020 年，我国风力发电的装机容量将达 30 吉瓦（是 2005 年的 24 倍），考虑到每单位装机容量的满负荷工作时间平均只有 2 500 小时，则 30 吉瓦的风电相当于火电 12 吉瓦左右，也只占 2020 年我国发电总装机容量 950 ~ 1 000 吉瓦的 1.2% 左右。

3. 水资源

我国是一个干旱和半干旱地区面积很大的国家，干旱、半干旱地区的面积约占国土面积的 52.5%，其中干旱地区占 30.8%，半干旱地区占 21.7%。

中国淡水资源总量为 28 000 亿立方米，占全球水资源的 6%，居世界第四位。但人均淡水量只有 2 200 立方米，仅为世界平均水平的 1/4，在世界上名列第 128 位，是全球 13 个人均水资源最贫乏的国家之一。预计到 2030 年，我国人均淡水量将下降至 1 000 多立方米，接近贫水国家的极限。目前，全国 668 个城市中，有 400 多个城市出现缺水现象，108 个城市严重缺水。地表水资源的减少造成人们对地下水的过量开采，20 世纪 50 年代，北京的水井在地表下约 5 米处就能打出水来，现在北京 4 万多口井的平均深度达 49 米，地下水资源已近枯竭。近年来，黄河断流、淮河污染，使得沿河地区供水紧张，不少城市不得不分区、分时供水，而一些用水量大的工矿企业也不得不在用水高峰期停产。水资源短缺不仅影响了人们的生活质量，也制约了经济的发展。

中国水资源的特点是时空分布不均；降水年内、年际变化大；水资源空间分布与土地、矿产资源分布以及生产力布局不相匹配。部分地区近年来降水情况发生变化，如北方地区水资源明显减少，水资源供需矛盾不断加剧，水的问题已成为关系经济社会可持续发展的战略问题。水资源不足、用水浪费、水污染严重，资源型缺水、工程型缺水和水质型缺水并存，是中国严峻水情的真实写照。按正常需要和不超采地下水来计算，中国年缺水总量达 300 亿~400 亿立方米。

4. 森林资源

木材是生活中应用非常广泛的重要材料，木材的获取依赖森林，而森林又是维持地球生态平衡的重要资源。森林吸收地球上多余的二氧化碳，保证足够的降雨，并能有效抵御洪涝。另外，它还是生物多样性的保护区。

建筑业需要大量的木材。随着人们生活水平的提高，建筑装修、家具乃至纸张、一次性筷子等，都形成了巨大的木材消耗量。从舒适和健康的角度来看，采用木材装修具有独特的优点，因此高档的室内装修往往少不了木材。另外，尽管现在很多家具已经开始更多地使用再生木材或金属材料制作，但是仍有很多人对实木家具情有独钟。而且随着生活水平的提高和消费观念的改变，人们更新家具的速度也在加快。这些都大大加快了砍伐森林的速度。森林被过度砍伐而不能得到有效补充，将形成生态灾害。我国的森林覆盖率本就不高，近 10 年间，我国森林面积锐减了 23%，可伐蓄积量减少了 50%。云南西双版纳的天然森林，自 20 世纪 50 年代以来，以每年约 1.6 万公顷的速度消失，当时 55% 的原始森林覆盖面积现已减少了一半。

总之，我国资源短缺主要是由粗放式的发展模式导致的。据《2017中国可持续发展战略报告》对世界 59 个主要国家的资源绩效水平的调查排序可知，中国资源绩效排名靠后，能源利用效率低。我国钢、水泥、纸和纸板的单位产品综合能耗比国际先进水平高。另外，矿产资源的总回收率大概是 30%。由于资源利用水平低，我国废弃物排放水平高于发达国家，单位工业产值产生的固体废弃物也比发达国家多。

（二）我国的建筑及其能耗现状

1. 我国的建筑现状

据初步统计，全球的建筑从业人员有 1.11 亿人，其产值占世界国民生产总值的 10%。近年来，我国每年约新建 20 亿平方米建筑，建筑量连续 12 年居世界首位，其中住宅占到 3 亿平方米。在未来 30 年内，我国还需建造 400 亿平方米的新建筑，这样的建筑数量和建设速度在世界发展史上都是罕见的。同时，我国进入了快速城市化阶段，城镇化水平以年均 2% 的速度增长，目前中国的城市化水平是 53%，预计到 2020 年，中国城市化水平将达到 57% 左右，相当于每年从农村转移 400 万 ~ 1 500 万人到城镇。一般来讲，城镇人口人均能源消耗量是农村人均量的 3.5 倍。农村人口大规模转移必然会相应地增加对建筑的需求，以及对能源和资源的消耗。随着中国经济以每年 6.5% ~ 8% 的高速度增长，预计每年会有 1 500 万 ~ 2 500 万人进入中产阶级行列。这些人不仅是自住房的购买者，还是商场、酒店的潜在顾客。建筑业在未来 20 年仍将保持高速发展的态势。

建筑就像一个个静伏的黑洞，不断占用本已稀缺的宝贵资源。因此，实践绿色建筑，推进建筑节能，对于解决中国能源和资源短缺问题有着重要意义。

2. 我国的建筑能耗现状

（1）建筑能耗的不断加剧

有资料显示，各类建筑消耗了全球 40% 的能源，16% 的水资源，并释放出占全球 50% 的二氧化碳。目前，我国建筑能耗已占全社会终端能耗的 27.5%，单位建筑面积采暖能耗相当于发达国家相同气候地区的 2 ~ 3 倍。现有城乡建筑面积 400 多亿平方米，约 95% 都是高耗能建筑。在我国高速发展的城市化进程中，中国的城镇建筑面积在 5 年内翻了一番，需要新建住宅面积约 68 亿平方米。据统计，到 2025 年，全国城乡房屋建筑面积还将新增约 300 亿平方米，如果不采取有力的节能措施，每年建筑用能将消耗 12 万亿度电和 4.1 亿吨标准煤，接近目前全国建筑能耗的 3 倍。

（2）资源利用量的持续增加

随着建筑的迅速发展，在建筑能耗不断增加的同时，建筑形成过程中的资源利用量也在持续增加，包括建造建筑和运营建筑的土地资源、原材料资源、水资源、自然植被资源、森林资源、矿物资源等。资源利用量的持续增大，使各种资源逐渐趋于枯竭甚至消失，影响了整个社会的可持续发展。

（3）环境状况的不断恶化

在建造及使用建筑的过程中，由于建造本身及建筑使用者需要依赖必要的能源和资源进行建筑活动的运转，在能源和资源的利用、转换和传递过程中，不可避免地造成了对环境的破坏，而且具有不断扩大的趋势。如建筑能源使用过程中所造成的温室气体和污染物质的排放，对地球自然环境造成了一定的破坏和影响，导致全球气候变暖、自然灾害频发。

（4）居住者的安全性、健康性和舒适性要求逐步提高

建筑本身就是为人们提供必要的遮风、挡雨、御寒、防灾等功能的场所。随着经济和技术水平的不断提高，人们对建筑的安全性、健康性和舒适性功能要求与日俱增，使得其成为当今建筑发展的必备条件。

3. 建筑对资源及环境的影响

全球的资源短缺和环境问题已引起了人们的广泛关注，研究者发现，引起全球气候变暖的 50% 的有害物质是在建筑施工和运营过程中产生的，而且建筑业的温室气体排放量正以惊人的速度增长。大量人为的温室气体（主要是二氧化碳）包围着地球，使地球的热量无法散发，由此导致了全球性气候变暖。科学家认为，与前工业时期全球气温水平相比，全球气温上升的幅度必须控制在 2℃ 以内。全球气温上升的幅度若超过 2℃，灾难将接踵而至：粮食生产将减少，原始冰川积雪的消失将危及城市的饮用水供量，极端异常的气候变化将更加剧烈，上升的海平面将淹没沿海地区，25% 的海洋生物的家园——珊瑚礁将遭到破坏，25% 的动植物将灭绝……后果将是毁灭性的。

人们已逐步意识到建筑对环境的负面影响，并且正在与人为的环境问题（如气候变暖）抗争。这时，建筑师、设计师及规划师应走在前面，遵循减少资源消耗、环境污染的原则，在自己的作品中体现、实践人类可持续发展的理念。

建筑行为对环境的影响主要表现为，在建筑的全寿命周期内消耗自然资源和造成环境污染，图 1－1 定量地表示出了这种影响的程度。

传统建筑对资源的消耗量和对环境造成的污染程度十分惊人。据欧洲建筑师协会测算，建筑在整个建造和使用过程中，能耗占用了全部能源的 50%，其中水泥生产和其他建材生产的消耗能源占 20%，建筑使用过程的消耗能源占 30%。

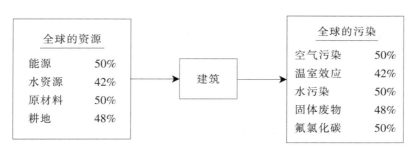

图 1-1 建筑业带来的资源消耗和污染

二、 绿色建筑的概念、发展原则及控制指标

（一）绿色建筑概念

绿色建筑是指在设计与建造的过程中，设计师充分考虑建筑物与周围环境的协调，利用光能、风能等自然界中的能源，以最大限度地减少能源的消耗以及对环境的污染的建筑。绿色建筑的室内布局应十分合理，尽量减少使用合成材料，充分利用阳光，节省能源，为居住者创造一种住在大自然里的感觉。以人、建筑和自然环境的协调发展为目标，在利用天然条件和人工手段创造良好、健康的居住环境的同时，尽可能地控制和减少对自然环境的使用和破坏，充分体现向大自然索取和回报之间的平衡。

绿色建筑的重要核心思想是舒适、健康、高效。由于人们一天超过80%的时间在室内度过，室内空气质量极大地影响着人员的舒适度、健康和生产效率，因此，如何创造良好的室内空气质量已成为绿色建筑室内环境的关键问题。

绿色建筑首先应当以提高人的居住和工作环境质量为目标，即为居住者提供健康、舒适而安全的室内物理环境。为了保证室内舒适的要求，良好的建筑外部环境是必需的。它不仅关系到室内环境质量，而且是人们户外活动的空间，更是全球空间的一部分，是城市可持续发展的重要一环。所以，良好的建筑外部空间也是绿色建筑不可缺少的一部分。在满足了人们对建筑室内外环境绿色要求的前提下，降低建筑能耗，充分利用可再生资源，减小建筑耗能对环境和全球生态系统的压力，成为绿色建筑的重要意义所在。因此可以认为，节能性好、资源耗费量少且具有良好的室内外物理环境是绿色建筑的基本特征。

2006 年 3 月，我国出台了第一部有关绿色建筑的国家标准——《绿色建筑评价标准》（GB/T 50378—2006），并于 2014 年 4 月对其又进行了修订，该标准已于 2015 年 1 月 1 日正式实施。该标准给出了适合中国国情的绿色建筑的定义，即"绿色建筑是指在建筑的全寿命周期内，最大限度地节约资源（节能、节地、节水、节材）、保护环境、减少污染，为人们提供健康、适用和高效的使用空间，与自然和谐共生的建筑"。

其中，全寿命周期是指产品从摇篮到坟墓的整个生命历程。对建筑物这个特殊的商品而言，全寿命即指从建材生产、建筑规划、设计、施工、运营维护到拆除、回用，这样一个孕育、诞生、成长、衰弱和消亡的过程。

对绿色建筑的理解主要应从以下五个方面展开：一是绿色建筑首先考虑的是健康、舒适和安全，即保证人们最佳工作和生活环境的建筑；二是绿色建筑作为一种理念，并不指特定的建筑类型，它适用于所有的建筑；三是绿色建筑是在全寿命周期中能实现高效率地利用资源（能源、土地、水资源、材料）的建筑物；四是绿色建筑是对环境影响最小的建筑；五是绿色建筑是生态建筑和可持续建筑。

也有专家把绿色建筑的特点归结为 4R，即 Reduce，减少建筑材料、各种资源和不可再生能源的使用；Renewable，利用可再生能源和材料；Recycle，利用回收材料，设置废弃物回收系统；Reuse，在结构允许的条件下重新使用旧材料。因此，绿色建筑是资源和能源有效利用、保护环境、舒适、健康、安全的建筑，能实现与自然和谐共生。

绿色建筑作为人类先进的乃至未来的建筑理念，应遵循全球人居可持续发展战略，实施国际上公认的三大主题：即以人为本、呵护健康舒适；资源的节约和再利用；与周围生态环境相协调和融合。

强调绿色建筑应具有以下七个特点：绿色循环、绿色布局、绿色水源、绿色能源、绿色回收、绿色环境、绿色居所。

绿色建筑的设计原则有以下六点：制定适用、经济、具有美观理念的建筑方针；因地制宜；建筑全寿命周期设计；节约资源、保护环境和减少污染；拥有健康、适用和高效的使用空间；与自然和谐共生。

（二）绿色建筑的发展原则与控制指标

1. 绿色建筑的发展史

（1）古老的绿色建筑

图 1-2　传统民居四合院

图 1-3　重庆市人民大礼堂

图 1-4　广州骑楼

图 1-5　吉萨金字塔群

图 1-6　希腊雅典帕特农神庙

图 1-7　索尔兹伯里石环

图 1-8　法国埃菲尔铁塔　　　图 1-9　美国纽约利华大厦

（2）绿色建筑与传统建筑的比较

绿色建筑与传统建筑的比较如表 1-1 所示。

表 1-1　绿色建筑与传统建筑的比较

比较主体	传统建筑	绿色建筑
对自然生态的态度	以人为中心，人凌驾于自然之上，改造自然	天人合一，人与自然存在依存关系，人类应尊重、适应自然
对资源的态度	很少或没有考虑资源利用的效率问题	在设计阶段即考虑减少资源的使用量和资源回用问题
设计的基础	根据建筑的功能、性能和造价进行设计	首先考虑对环境和生态的影响
建造的目的	人的需求是第一位，服务业主	综合考虑环境、经济和社会效益
施工和运营	很少考虑材料的重复使用问题	考虑减少废弃物，废弃物的降解、回收和回用问题

2. 绿色建筑的发展原则

绿色建筑应坚持"可持续发展"的建筑理念。理性的设计思维方式和科学的程序把握，是提高绿色建筑环境效益、社会效益和经济效益的基本保证。绿色建筑除满足传统建筑的一般要求外，还应遵循以下基本原则。

（1）关注建筑的全寿命周期

建筑从最初的规划设计到随后的施工建设、运营管理及最终的拆除，形成了一个全寿命周期。关注建筑的全寿命周期，意味着不仅在建筑的规划设计阶段充分考虑并利用环境因素，而且确保施工过程中把对环境的影响降到最低，运营管理阶段能为人们提供健康、舒适、低耗、无害的环境，并使之后所拆除的材料能够尽可能循环利用。

（2）适应自然条件、保护自然环境

①充分利用建筑场地周边的自然条件，尽量保留和合理利用现有适宜的地形、地貌、植被和自然水系。

②在建筑的选址、朝向、布局、形态等方面，充分考虑当地气候特征和生态环境。

③建筑风格与规模和周围环境相协调，保持历史文化与景观的连续性。

④尽可能减少对自然环境的负面影响，如减少有害气体的排放和废弃物的产生，减少对生态环境的破坏。

（3）创建适用与健康的环境

①绿色建筑应优先考虑使用者的舒适度需求，努力创造优美和谐的适用环境。

②保障使用的安全性，减少环境污染，改善室内环境质量。

③满足人们生理和心理上的需求，为人们提高工作效率创造条件。

（4）节约资源与加强资源的综合利用，减轻环境负荷

①通过优良的设计方案和管理模式，优化生产工艺，采用合适的技术、材料和产品。

②合理利用和优化资源配置，改变消费方式，减少对资源的占有和消耗。

③因地制宜，最大限度地利用本地材料与资源。

④最大限度地提高资源的利用率，积极促进资源的综合循环利用。

⑤增强耐久性及适应性，延长建筑物的整体使用寿命。

⑥尽可能使用可再生的、清洁的资源和能源。

3. 绿色建筑的控制指标

绿色建筑的控制指标是根据其定义，对绿色建筑的性能所做的一种完整的表述，如图1-10所示，它可用于评估实体建筑物与按定义表述的绿色建筑在性能上的差异。绿色建筑的控制指标由节地与室外环境、节能与能源利用、节水与水资源利用、节材与材料循环利用、室内环境质量控制和运营维护管理六类指标组成。这六类指标涵盖了绿色建筑的基本要素，包含了建筑物全寿命周期内的规划设计、施工、运营管理及回收各阶段的评定指标的子系统。表1-2为绿色建筑分项指标及重点应用阶段划分。

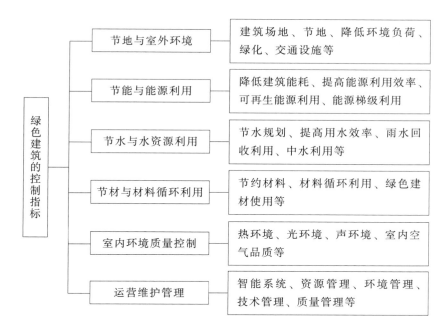

图 1 - 10　绿色建筑的控制指标

表 1 - 2　绿色建筑分项指标及重点应用阶段划分表

项目	分项指标	重点应用阶段
节地与室外环境	建筑场地	规划、施工
	节地	规划、设计
	降低环境负荷	全寿命周期
	绿化	全寿命周期
	交通设施	规划、设计、运营管理
节能与能源利用	降低建筑能耗	全寿命周期
	提高能源利用效率	设计、施工、运营管理
	可再生能源利用	规划、设计、运营管理
	能源梯级利用	规划、设计、运营管理

（续上表）

项目	分项指标	重点应用阶段
节水与水资源利用	节水规划	规划
	提高用水效率	设计、运营管理
	雨水回收利用	规划、设计、运营管理
	中水利用	设计、施工、运营管理
节材与材料循环利用	节约材料	设计、施工、运营管理
	材料循环利用	设计、施工、运营管理
	绿色建材使用	设计、施工、运营管理
室内环境质量控制	热环境	设计、运营管理
	光环境	规划、设计
	声环境	设计、运营管理
	室内空气品质	设计、运营管理
运营维护管理	智能系统	规划、设计、运营管理
	资源管理	运营管理
	环境管理	运营管理
	技术管理	设计、运营管理
	质量管理	运营管理

三、 绿色人居与室内环境

（一）绿色人居环境的四个特征

人居环境，即人类聚居生活的地方，是与人类生存活动密切相关的空间，它是人类在大自然中赖以生存的基地，是人类利用自然、改造自然的主要场所。人居环境的核心是"人"，人居环境的研究以满足"人类居住"需要为目的。

"人居环境"就城市和建筑的领域来讲，可具体理解为人的居住生活环境。它要求建筑必须将居住、生活、交通、管理、公共服务、文化等各个复杂的要求在时间和空间中结合起来。因此，要求设计一种聚居地，使所有社会功能满足目前的发展及将来之间取得平衡，且与环境相协调，有利于人的身心健康和城市的美观。绿色人居环境有以下四个特征。

1. 新鲜的空气及通风良好

我们要选择合适的居住位置，若让室内始终保持充足的新鲜空气，还必须有良好的自然通风。

绿色植物是新鲜空气的仓库。在室外种植一定量的树木，可提供新鲜空气。另外，合理组织室内气流，可以帮助调节室内温湿度。夏季，"穿堂风"或"转角风"等室内对流风可以在一定程度上调节房间的温度和湿度，室外树木提供的阴影也可以使空气凉爽舒适，起到"天然空调器"的作用。

2. 充足的阳光

首先，要选择合适的住宅朝向，特别像起居室这些在白天人们经常停留的房间，其朝向如何直接决定了房间内光线质量的好坏；其次，窗户的面积要达到一定的要求；最后，房间还要有合适的进深。夏季要有合适的遮阳措施。冬季，南向的窗户可为室内引进日照，阳光透过窗户将热量带入房间，进而提高室内的温度，让房间里的人感到温暖。

南方的民居，非常注意遮阳和通风，因而房屋一般有较深的出檐和开敞的门窗；北方的民居，则更需要保温，因而房屋一般有较厚的北墙和较大的南窗，以纳入更多的阳光。这正是建筑本身适应气候的方法。

3. 安静的居住区

一个绿色的社区，必须远离噪声。具体降噪措施如下：居住区应该尽量选择在远离厂房、铁路、城市道路的地段；鼓励居住区里人车分离，并在地下室停车；对声源采取隔噪措施；加强门窗的隔噪性能；减少身边的噪声源。

4. 不过度装修

装修及家具配置以适用为原则，过度装修既浪费资源和金钱，又不利于健康，还会给生活带来不便及安全隐患。装修时建议取消吊顶，可节省材料、节省层高且便于维护。

（二）绿色建筑热环境及其控制要求

1. 热环境定义

热环境是指影响人体冷热感觉的环境因素，由太阳辐射、气温、周围物体表面温度、相对湿度与气流速度等物理因素组成。人的生活和工作大部分时间都在室内，室内环境与人体关系密切。室内环境的热特性是室外气候与内部热源通过建筑围护结构进行热交换与热平衡的结果，体现为气温、平均辐射温度、相对湿度、气流速度四个主要物理因素数值的变化。太阳能辐射创造了人类生存空间的大的热环境，而各种能源提供的能量则对人类生存的小的热环境做进一步的调整，使之更适宜于人类的生存。热环境除太阳辐射的直接影响外，还受许多因素如相对湿度和风速等的影响，是一个反映温度、湿度和风速等条件的综合性指标。热环境主要分为自然环境、城市环境和建筑环境等。

2. 绿色建筑对建筑热环境的控制要求

①优化建筑外围护结构的热工性能，避免因外围护结构内表面温度过高或过低、透过玻璃进入室内的太阳辐射热等引起的不舒适感。

②设置室内温度和湿度调控系统，使室内的热舒适度能得到有效调控，建筑物内的加湿和除湿系统得到有效调节。

③根据使用要求合理设计温度可调区域的范围，满足不同个体对热舒适性的要求。

3. 绿色建筑的热环境控制因素

绿色建筑对室内热环境的控制主要包括三个基本目标：保证居住者的健康、保证居住者的舒适感和保证居住者的高效工作。与热环境有关的室内控制因素物理量介绍如下。

①室内空气温度。室内空气温度对人体热舒适感影响较大。推荐室内空气温度为：夏季，26℃~28℃，高级建筑及人员停留时间较长的建筑可取低值，一般建筑及人员停留时间较短的建筑应取高值；冬季，18℃~22℃，高级建筑及人员停留时间较长的建筑可取高值，一般建筑及人员停留时间较短的建筑应取低值。

②室内空气相对湿度。空气中所含水蒸气的压力称水蒸气分压力。在一定温度下，空气中所含水蒸气的量有一个最大限度，称饱和蒸气压力，多余的水蒸气会从湿空气中凝结出来，即出现结露现象。60%~70%的湿度是人体感觉较舒适的相对湿度。

③室内气流速度。室内空气流动的速度是影响人体对流散热和水分蒸发散热的主要因素之一。气流速度大时，人体的对流蒸发散热增强，加剧了空气对人体的冷作用。我国室内平均风速的计算值为：夏季

0.2～0.5 米/秒；冬季 0.15～0.3 米/秒。

④室内平均辐射温度。室内平均辐射温度约等于室内各表面温度的平均值，它决定人体辐射散热的强度，进而影响人体的冷热感。我国《民用建筑热工设计规范》（GB 50176—2016）对结构内表面温度的要求为：冬季，保证内表面最低温度不低于室内空气的露点温度，即保证内表面不结露；夏季，保证内表面最高温度不高于室外空气计算温度的最高值。

室内空气温度、室内空气相对湿度、室内气流速度和室内平均辐射温度共同组成了室内热环境的四大要素，四大要素合理配置才能创造出人体热感觉舒适的环境。

4. 绿色建筑的热环境控制策略

许多研究者对生产条件下热环境对人体的影响进行了一定的研究，结果显示，热舒适度明显地影响着劳动效率，当温度偏离最佳值3℃～5℃时，不舒适感急剧增加。那么，绝对热舒适环境是否就是健康的绿色热环境呢？一天之中温度的变化对人体的健康是有益的，它与人体新陈代谢强度及活动特征有关。建议居室内空气温度按24小时为周期发生变化，且在夜间降低2℃～3℃。冬季的办公室室内温度上午保持19℃，中午升到21℃，午后降低到18℃是较为适宜的。因此，对大多数建筑来讲，按舒适的要求来规定室内气候标准是不恰当的。因为从生理上来说，人们长期处于稳定的室内气候下，会降低人体对气候变化的适应能力，不利于人体健康；另外，从经济的角度来说也是不现实的。例如一些发达国家在办公室、住宅、旅馆、医院等民用建筑中，广泛采用高气密性的空调房间，虽然室内温度达到了绝对舒适的标准值，室内的人却出现了所谓"空调症"等问题，且在耗费大量能源的同时，引起了一系列环境问题。

绿色建筑的室内热环境除了保证人体的总体热平衡外，身体个别部位所在处的条件对人体健康和舒适感往往也有着非常重要的影响。尤其是处于热条件下的头部和足部。头部对辐射过热是最敏感的，其表面的辐射热平衡应为散热而不是受热状态。根据卫生学的研究可以判断，在舒适的热状况下，头部表面上单位面积可允许的辐射热平衡范围大致为：由受热时的 11.6 瓦/平方米至受冷时的 73 瓦/平方米。人体的足部对地板表面的过冷和过热以及沿着地板的冷空气的流动是很敏感的，因此，在冬季，地板温度不应比室内空气温度低2℃～2.5℃，在夏季则建议不应对地面进行冷却，这些研究成果与我国中医学人体保健理论十分切合，也是绿色建筑室内物理环境的组成因素。

（三）绿色建筑的室内空气品质

1. 绿色建筑的室内空气品质控制要求

①对有自然通风要求的建筑，人员经常停留的工作和居住空间应能自然通风。可结合建筑设计提高自然通风效率，如可开启窗扇、利用穿堂风、竖向拔风作用通风等。

②合理设置风口位置，有效组织气流。采取有效措施防止串气、泛味，采用全部和局部换气相结合，避免厨房、卫生间、吸烟室等处的受污染空气循环使用。

③室内装饰、装修材料对空气质量的影响应符合《民用建筑工程室内环境污染控制规范》（GB 50325—2010）的要求。

④采用满足室内空气质量要求的新型环保装饰装修材料。

⑤设有中央空调系统的建筑，宜设置室内空气质量监测系统，保证用户的健康和舒适感。

⑥采取有效措施防止结露和滋生霉菌。

2. 绿色建筑的室内空气品质控制技术

从上述绿色建筑的室内空气品质的控制要求可以看出，对建筑内部采取有效措施，如充分结合自然通风改善室内空气品质、采用健康环保的室内装饰装修材料等是保证绿色建筑室内空气品质的基本要求。

影响室内空气质量的因素主要包括：室外空气污染，建筑材料和建筑装修材料，新风量，空调系统导致的霉菌、粒子等污染物，单区域和多区域的气流组织，家具家电办公设备，室内燃料燃烧和烹调油烟，家用化学品，吸烟，人员活动等。而建筑物的实现主要包括规划设计、施工、验收评估和运行管理阶段。室内空气质量控制策略始终贯穿建筑物的整个实现过程，是解决目前室内空气污染问题中比较可行、有效的手段。具体控制技术如下：

（1）规划设计阶段室内空气质量控制技术

在规划设计阶段主要影响室内空气质量的因素包括建筑设计（建筑物位置和周边建筑情况、房间功能和房间位置、建筑材料）、装饰设计（墙体、天花板、地板装饰材料）、装修设计（家具家电、办公设备位置和散发强度、净化设备）、人员、通风系统设计（系统形式、气流组织、净化方式和效率、新风量和新风采集位置以及新风途径）。随着目前模拟技术的发展，在设计期对浓度场、温度场等参数进行预评估，可以有效地发现设计中所存在的问题，起到防患于未然的作用。

（2）施工阶段室内空气质量控制技术

施工中的主要问题是辅材的合理选择，不使用或者少使用含有甲醛等的胶黏剂，同时，注意规范施工，洁净施工，避免材料与结构造成尘埃等的积聚。

（3）验收与运行管理阶段室内空气质量控制技术

验收与运行管理阶段的关键问题是进行空气质量指标检测及问题的原因分析，并提出相应的改善措施。在此阶段，通风系统的正常运行和维护是良好空气质量的重要保证。

3. 减少室内污染物的措施

减少室内污染物的措施主要有：通风换气；选择合格的建筑材料和家具；室内放置盆栽以及仪器设备以吸收分解污染物。

（四）绿色建筑的光环境控制

1. 绿色建筑对室内光环境的控制要求

①设计采光性能最佳的建筑朝向，发挥天井、庭院、中庭的采光作用，使天然光线能照亮人员经常停留的室内空间。

②采用自然光调控设施，如反光板、反光镜、集光装置等，以改善室内的自然光分布。

③办公和居住空间，开窗能有良好的视野。

④室内照明尽量利用自然光，如不具备自然采光条件，可利用光导纤维引导照明，以充分利用阳光，减少白天对人工照明的依赖。

⑤照明系统采用分区控制、场景设置等技术措施，以避免过度使用。

⑥分级设计一般照明和局部照明，即满足低标准的一般照明与符合工作面照度要求的局部照明相结合。

⑦局部照明可调节，以有利使用者的健康和照明节能。

⑧采用高效、节能的光源、灯具和电器附件。

2. 绿色建筑对室内光环境的控制策略

对人体生理健康及心理状态均有益的绿色光环境，室内光分布至关重要，要根据房间的使用性质达到行之有效的照度和亮度，其直接关系到人的工作效率和室内气氛。舒适健康的光环境包括易于观看、安全美观的亮度分布、眩光控制、照度均匀度控制等。

除上述因素外，绿色无污染的光源也是绿色光环境的一部分，设计中应尽可能选择光效高、光色好且对人体健康无害的绿色光源。

（五）绿色建筑的声环境控制

1. 绿色建筑的声环境控制要求

①采取动静分区的原则进行建筑的平面布置和空间划分，如办公、居住空间不与空调机房、电梯间等设备用房相邻，减少对有声音要求房间的噪声干扰。

②合理选用建筑围护结构构件，采取有效的隔声、减噪措施，保证室内噪声级和隔声性能符合《民用建筑隔声设计规范》（GB 50118—2010）的要求。

③综合控制机电系统和设备的运行噪声，如选用低噪声设备，在系统、设备、管道（风道）和机房采用有效的减振、减噪、消声措施，控制噪声的产生和传播。

2. 绿色建筑的声环境控制策略

绿色建筑声环境的首要要求是对人耳听力无伤害，但在规模日益扩大的城市区域内，噪声源的数量和噪声的强度都在急剧增加，使市区内声环境不断恶化。这不仅使人们失去了安静的户外活动空间，也给创造健康舒适的室内声环境带来极大的困难。为此我国颁布了《城市区域环境噪声标准》（GB 3096—93）及《城市区域环境噪声测量方法》（GB/T 14623—93），其规定了保障城市居民生活声环境质量的城市五类区域环境噪声标准值，见表1－3。

表1－3　城市五类区域环境噪声标准值

类别	疗养区、高级别墅区、高级宾馆区	以居住、文教机关为主的区域	居住、商业、工业混杂区	工业区	交通干线两侧
白天分贝（A）	50	55	60	65	70
夜间分贝（A）	40	45	50	55	55

表 1-3 中所列的标准值为户外允许噪声级。测点选在建筑物的外侧，离开建筑物的距离不小于 1 米，传声器离地面不小于 1.2 米处。

在住宅开窗的情况下，无噪声源的房间室内噪声级通常比室外噪声级少 10 分贝左右，为保证良好的室内声环境，必须控制室外噪声级。噪声不仅破坏了声环境的舒适要求，而且对人体身心健康有极大的危害。

3. 城市噪声的有效控制技巧

①合理布置城市噪声源，如图 1-11 所示的同心圆式城市规划方案可以减轻噪声影响。

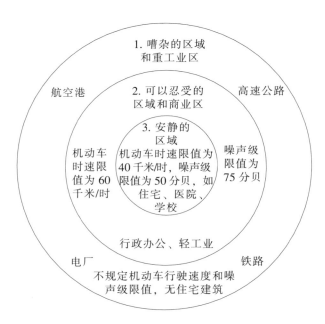

图 1-11 同心圆式城市降噪规划方案

②控制城市交通噪声，如图 1-12 所示，从减少噪声干扰的角度考虑设计的城市分区和道路网可以控制交通噪声。

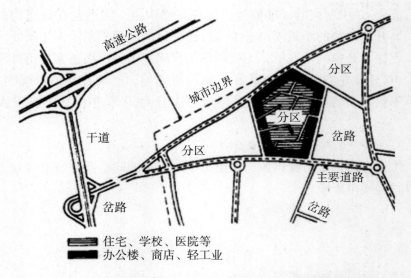

图 1 - 12　从减少噪声干扰的角度考虑的城市分区和道路网示意图

③控制城市噪声的主要措施还包括与噪声源保持必要的距离，利用屏障降低噪声，利用绿化减弱噪声，临街布置对噪声不敏感的建筑。

四、　绿色建筑的室外环境

（一）绿色建筑要远离危险与污染

城市与建筑选址的一个重要条件就是要远离危险，包括自然灾害的侵袭、生物物种的侵袭、周围环境的影响以及外来军事的威胁。

绿色建筑建设地点的选定，决定了其外部环境是否安全。众所周知，地震、洪水、泥石流、山体滑坡等自然灾害会对建筑物及建筑场地造成毁灭性破坏。近年来，科学家研究发现，氡气、电磁波等也会对人类的健康产生危害。此外，如油库、煤气站、有毒物质车间等均有发生火灾、爆炸和毒气泄露的可能。为此，绿色建筑的选址必须符合国家相关的安全规定。

（二）绿色建筑要亲近大自然

首先，人类与自然界紧密相连，自然界的一草一木都伴随着人类历史的发展。从生态学角度来说，人类本身就是自然界的一分子，是生态平衡系统中生物链的一个组成部分。人类最初就是生活在大自然中，吃的是自然生长的果实，喝的是自然流淌的甘泉，逐渐适应了大自然的变化。紧接着，人们开始远离纯粹的大自然，建造聚居地直至城市，但这改变不了人们对大自然的眷恋和亲近大自然的愿望。于是，人们发明了一种方法，将大自然搬进自己的家中，如各种盆栽，住宅旁边的果园、菜园等，后来又将大自然引入城市，利用造园的手法建造城市绿地和公园等。明清两代的造园之风日盛，如图1-13所示。

其次，建筑的建造应该尽量避免对大自然，特别是对地形、地貌构造造成破坏，在这方面，美国设计师赖特的流水别墅（见图1-14）堪称经典，该建筑位于美国宾夕法尼亚州匹兹堡市郊区的熊跑溪畔，树木、山石、瀑布、花朵组成了其优美的自然环境。赖特仔细考察地形，充分考虑树木、山石、瀑布的自然特征，将整个建筑轻盈地凌立于流水之上，与周围环境巧妙结合，形成一体，并达到视觉与听觉上的完美融合。这充分反映了赖特的"有机建筑"设计观，他认为，有机建筑即自然的建筑，必须利用和适应地基，模仿自然有机体的形式，与自然环境保持和谐统一的关系。

图1-13　中国古代园林

图 1 - 14　美国流水别墅

第二章 绿色建筑是如何节地的

一、 节地与室外环境评价指标及要求

《绿色建筑评价标准》（GB/T 50378—2006）中节地与室外环境评价指标及要求相较于公共建筑和居住建筑略有不同，具体如下。

（一）公共建筑

1. 控制项指标

①场地建设不破坏当地文物、自然水系、湿地、基本农田、森林和其他保护区。

②建筑场地选址无洪灾、泥石流及含氡土壤的威胁，建筑场地安全范围内无电磁辐射危害和火、爆、有毒物质等危险源。

③不对周边建筑物带来光污染，不影响周围居住建筑的日照要求。

④场地内无排放超标的污染物。

⑤施工过程中制定并实施保护环境的具体措施，控制由施工引起的各种污染物及其对场地周边区域的影响。

2. 一般项指标

①场地环境噪声符合现行国家标准《城市区域环境噪声标准》（GB 3096—93）的规定。

②建筑物周围人行区风速低于 5 米/秒，不影响室外活动的舒适性和建筑通风。

③合理采用屋顶绿化、垂直绿化等方式。

④绿化物种选择适宜当地气候和土壤条件的乡土植物，且包含乔、灌木的复层绿化。

⑤场地交通安排合理，到达公共交通站点的步行距离不超过500 米。

⑥合理开发利用地下空间。

3. 优选项指标

①合理选用废弃场地进行建设，对已被污染的废弃地进行处理并达到相关标准。

②充分利用尚可利用的旧建筑，并纳入规划项目。

③室外透水地面面积比不小于40%。

（二）居住建筑

对于居住建筑，其节地与室外环境控制指标的要求如下。

1. 控制项指标

①建筑场地选址无洪涝、泥石流及含氡土壤的威胁，建筑场地安全范围内无电磁辐射危害和火、爆、有毒物质等危险源。

②住区建筑布局保证室内外的日照环境、采光和通风要求，满足《城市居住区规划设计标准》（GB 50180—2018）中有关住宅建筑日照标准的要求。

③绿化种植适应当地气候和土壤条件的乡土植物，选用少维护、耐候性强、病虫害少、对人体无害的植物。

④从设计层面来讲，强调人均居住用地指标、住区绿化率、采光、通风、室内外日照和人工植被的要求等。居住建筑人均居住用地指标见表2-1。住区绿化率不低于30%，人均公共绿地面积不低于1平方米。

⑤强调建筑本身对室外环境的不破坏性，即所建建筑不能破坏当地的自然环境和相关社会环境，对自然水系、湿地、森林植被及农田、文物等不造成破坏。

⑥室外平均热岛强度，对于住宅区来说应不高于1.5℃。

⑦室外透水地面面积比：居住建筑不低于45%，公共建筑不低于40%。

表2-1　绿色建筑中居住建筑人均居住用地指标上限值

（单位：m^2）

居住建筑类型	低层	多层	中高层	高层
人均居住用地指标	43.0	28.0	24.0	15.0

2. 一般项指标

①选用已开发且具城市改造潜力的用地或在废弃场地上进行建设；若为已被污染的废弃地，需要对污染土地进行处理并达到有关标准。

②住区公共服务设施按规划配建，采用综合建筑并与周边地区共享。

③住区内部及附近无污染散发源。

④住区环境噪声符合《城市区域环境噪声标准》（GB 3096—93）

的规定。

⑤住区风环境有利于冬季舒适行走及过渡季、夏季的自然通风。

⑥根据当地的气候条件和植物自然分布的特点，栽植多种类型的植物，以及乔、灌、草结合构成多层次的植物群落，乔木量不少于3株/100平方米。

⑦选址和住区出入口的设置，应方便居民充分利用公共交通网络，到达公共交通站点的步行距离不超过500米。

⑧住区非机动车道路、地面停车场和其他硬质铺地采用透水地面，并利用园林绿化提供遮阴。

3. 优选项指标

开发利用地下空间，如利用地下空间做公共活动场所、停车库或储藏室等。

二、 室外环境控制技术

良好的室外环境是保证室内环境的基础，也是绿色建筑对环境控制的基本要求。

建筑外环境的改善和控制对象包括全球环境与建筑区域环境。全球环境的控制要素主要有：建筑能耗（建筑物耗热量、耗冷量指标、建筑围护结构、空调年耗电量）、可再生能源利用率及原生环境的保护和改善。建筑区域环境控制要素主要有：大气质量、风环境、热岛效应、室外噪声和振动、光污染、电磁污染、水环境、地质环境、废物和资源利用、车辆停放等。

地表覆盖物（如草原、森林、沙漠和河海等）对建筑周边的气温有显著影响。不同的地表覆盖层，由于其蓄热特性、对太阳辐射的吸收及反抗本身温度变化的特性均不同，所以地面的增温也不同，从而导致了气温的差别。

气温的年变化及日变化均取决于地表温度的变化，在这一方面，陆地和水面会产生很大的差异。在同样的太阳辐射条件下，大的水体较地块所受的影响要慢，所以，在同一纬度下，陆地表面与海面相比较，夏季热，冬季冷。在这些表面上所形成的气团也随之变化，夏季陆地上的平均气温相对于海面上较高，冬季则较低。

1. 地表覆盖物的特性

（1）不同地表覆盖物对太阳辐射的吸收和反射特性

不同的地面材料、植被、水体的设置，由于其对太阳辐射的吸收和反射特性不同，在微气候范围内的空气层温度随着空间和时间的改变会有很大的变化，不同地表覆盖物的反射和吸收比见图2-1。

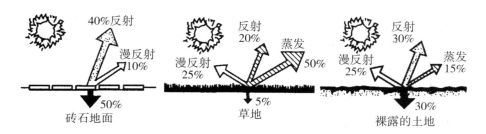

图2-1 不同地表覆盖物的反射和吸收比

（2）不同地表覆盖物的温度反应特性

有测试研究表明，当气温为29℃~30℃时，不同地表覆盖物的地表温度有明显差异。而地表温度的不同，又会对地表上部的气温产生影响，见图2-2和图2-3。

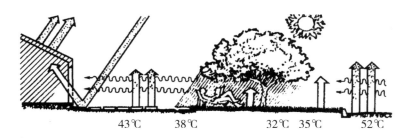

图2-2 不同地表覆盖物的地表温度

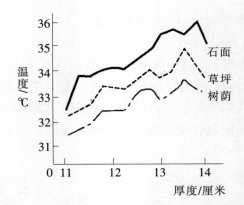

图 2 - 3　地表覆盖物对地表上部气温的影响

（3）不同地表覆盖物对空气温度和相对湿度的影响

建筑区域的温度受到地面反射率、夜间辐射、气流以及土壤受建筑物或植被遮挡情况的影响较大。图 2 - 4 为草地与混凝土地面上典型的温湿度变化以及靠近墙面处的温度所受影响示意图。从图 2 - 4 中可以看出，在同一高度，离建筑物越远，温度越低，相对湿度越高。草地地面的温度明显低于混凝土地面的温度，最大温差可达 7℃，微气候区两者间的温差也可达 5℃ 左右；而草地地面的湿度明显高于混凝土地面的湿度，最大湿度差可达 30%，微气候区两者间的温差也可达 20% 左右。

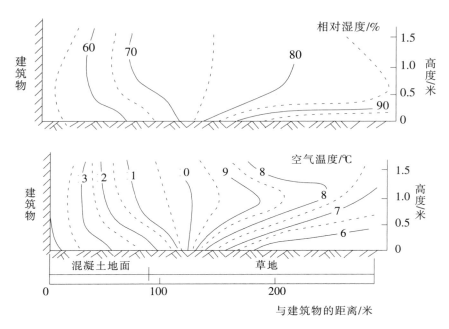

图 2-4　不同地表覆盖物上部空气温湿度变化

（4）不同地表覆盖物对风速衰减的影响

城市由于街道纵横交错，建筑高低不平，城市区域下垫面粗糙度增大，使整个城市的风速减小。图 2-5 为城市中心、森林区及开阔农村或海面沿不同高度风速减小的百分比。如北京城区年平均风速比郊区小 20%～30%；上海市中心比郊区小 40%，城市边缘比郊区小 10%。城市地表覆盖物的形成导致风速减小，使得城市热岛效应现象加剧。

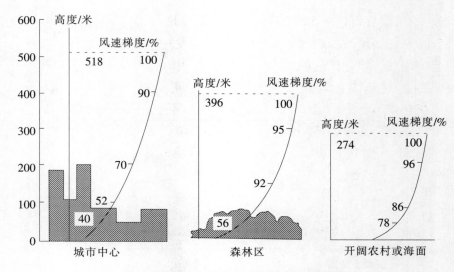

图 2 - 5　不同地表覆盖物使风速沿高度衰减

　　城市地表蒸发减弱，湿度变小。城市地表覆盖物多为建筑物和不透水路面，其地表温度较高，如表 2 - 2 所示。水汽蒸发量小，且城区降水容易排泄，所以城市空气的平均绝对湿度和相对湿度都较小，在白天易形成"干岛"。夜间城市绝对湿度比郊区大，形成"湿岛"。例如广州市市中心年平均相对湿度比城郊低约 9%，比上海低约 5%。城市下垫面吸热快、热容量小、水汽释放小的特征，是热岛效应的又一个重要诱因。

表 2 - 2　不同地表覆盖物与地表温度

（单位：℃）

湖泊	森林	农田	住宅	停车场及商业区
27.3	27.5	30.8	32.2	36.0

（5）植被对建筑外环境的影响

　　国内外研究资料表明，城市植被的小气候效应极为明显，尤以炎热的热带、亚热带地区更为显著，在温带地区的夏天亦有明显的作用。且不同的绿化实体调节小气候条件的能力有一定的差别。以某市绿化降温效应测定结果为例，在炎热的气候中，它能降低环境日平均温度 1℃ ～

3℃，白天最高可达 7.5℃，此时，空气湿度增加 3% ~ 12%，最高可达 33%，有效辐射减少约 32%，绿化区的蒸发耗热占太阳辐射热的 60% 以上。因此，绿化区气温明显低于未绿化的街区。

2. 通过瀑布景观等改善建筑外部环境

炎热季节，采用瀑布喷泉等营造技术，不仅可以形成一道城市靓丽的室外景观，还可以有效地改善室外热环境，提高建筑室外热环境质量。图 2 - 6 为利用瀑布景观改善室外热环境的典型案例。

图 2 - 6　广州东站大型景观瀑布

3. 建筑物表面种植攀缘植物

在建筑物的表面种植攀缘植物，不仅可以改善建筑环境，增大绿化面积，还能有效地改善建筑区域的空气质量，节约建筑能耗。见图 2 - 7。

图 2 - 7　某建筑的攀缘植被

4. 建筑底层营建通风廊

在中国南方炎热潮湿的地区，建筑底层常常会营建通风廊，一方面可以起到防潮的作用，另一方面通风廊在炎热的夏季具有良好的遮阳通风性能，其形成的自然风可以让居住者感到凉爽舒适，其本身也可以为居住者提供良好的活动空间。

5. 改变屋面构造模式

在屋面蓄水或种植植被，不仅可以增大城市建筑绿色面积，还能改善空气环境、减少建筑屋面传入室内的热量以及建筑能耗，是一种值得推荐的室外环境营造方式。

三、 我国建筑节地现状

（一）合理控制建筑用地

自然资源部已经出台了《国土资源"十三五"规划纲要》（以下简称《纲要》），对建筑用地做了明确规定。

近年来，我国粮食产需缺口仍在不断加大，增产受到价格成本挤压和资源环境的双重约束，确保谷物基本自给、口粮绝对安全的难度越来越高。第二次全国土地调查虽然查明耕地面积有所增加，但难以稳定利用的耕地占一定比例，需逐步调整退耕。后备耕地资源严重不足，灾害损毁、建设占用等对保护耕地的压力有增无减。

根据《纲要》可知，"十三五"期间，扣除生态退耕、退地减水等规划期间可减少的耕地，以及东北、西北难以稳定利用的耕地，全国适宜稳定利用的耕地保有量在 18.65 亿亩以上，基本农田保护面积在 15.46 亿亩以上，建设占用耕地在 2 000 万亩左右。完成永久基本农田划定工作，确保耕地数量基本稳定，质量有所提升。国家发展改革委与国土、农业、财政等部门通力合作，确保建成高标准农田 8 亿亩，力争 10 亿亩，通过土地整治补充耕地 2 000 万亩以上。

未来五年，随着我国经济保持中高速增长，产业迈向中高端水平，供给侧结构性改革力度加大，国土资源供给结构也将随之发生变化。

根据《纲要》，"十三五"期间，建设用地总量得到了有效控制，单位国内生产总值建设用地使用面积减少了20%，存量建设用地挖潜力度进一步加大，用地控制标准体系健全，节地技术不断推广应用。能源资源开发利用效率大幅提高，矿产开发规模化程度和节约综合利用水平进一步提升，主要矿产资源产出率提高了15%。建成绿色矿业发展示范区50个，绿色矿业发展新格局基本形成。

随着土地利用总体规划的调整完善，围绕扩大有效投资，"十三五"期间，国土部门将加快建设用地的审批和供应，保障基础设施、民生工程、新产业新业态和大众创业、万众创新的用地需求。

《纲要》要求，"十三五"期间，完善政府与社会资本合作模式（PPP）用地政策，支持创新融资模式。完善国有土地资产处置政策，促进国有企业改革。积极推进工业用地市场化配置试点，有效降低实体经济用地成本。探索完善负面清单和特许经营条件下的土地供应政策。按照去产能要求，严格控制钢铁、煤炭等产能过剩行业和"僵尸企业"的土地供应，制定鼓励支持政策，引导其退出、转产和兼并重组。

《纲要》强调，在住房供求关系紧张地区适度扩大用地规模；对房地产库存较多的城市，减少直至停止住房用地的供应；允许尚未开工的房地产项目用地按照有关规定改变用途，用于棚改安置房和公共租赁住房建设。

（二）适当控制建筑密度

在进行城市规划与建筑设计时，建筑密度是评价建筑用地经济性的重要指标，建筑密度是建筑物的占地面积与总的建设用地面积之比，即建筑物的首层建筑面积占总的建设用地面积的百分比。一个建设项目的总建设用地应合理划分为四部分：建设用地、绿化占地、道路广场占地、其他占地。

建筑密度的合理设定与节约土地有着十分密切的关系。假如要在城市的一个特定区域建设3 000平方米的住宅，城市规划的总体要求对这一区域的建筑高度有限制，在地上部分只能建10层住宅，而且地上各层的建筑外轮廓线和建筑面积要相同。甲乙两位建筑师对此分别做出了各自的设计方案，甲建筑师的方案中建筑密度为30%，这样推算，建筑的占地面积是3 000平方米，建设总用地面积就需要10 000平方米。乙建筑师的方案中建筑密度为40%，也照理推算，建筑的占地面积是3 000平方米，建设总用地面积就需要7 500平方米，这样，乙建筑师

的方案就比甲建筑师的方案在满足设计要求的前提下节约建设用地
2 500 平方米。

从上面的例子可知，同等条件下，建设密度较大的建筑更节约土
地，那么，是不是建筑密度越大越好呢？答案是：不是，应是在合理的
范围内，建筑密度越大越好。合理的范围又是什么呢？这就是我们接下
来要讨论的内容。

除了建筑密度是影响建设用地面积的重要指标外，绿化占地、道路
广场占地也是影响建设用地面积的重要因素，绿化占地面积与总的建设
用地面积的百分比称为绿地率。在城市规划的基本条件要求中，一般对
绿地率给出的具体指标数据大约为 30%，而提倡建设绿色建筑，更应
重视建筑环境，所以绿色建筑的绿地率一定要大于 30%。在建筑设计
时可以进行调整的就是建筑占地和道路广场占地之间的关系，道路广场
占地主要是为了满足总的建设用地内的机动车辆和行人的交通组织，以
及机动车辆和自行车的停放需要。只要合理地减少道路广场占地面积，
就可以适当地增加建筑密度。

建设地下停车场是目前建筑师们常用的方法，虽然建设成本和车辆
的行驶距离都略有增加，但可以大幅度减少道路广场占地的面积，而且
为目前积极倡导的人车分流的实现提供了基础条件。还有一种方法，对
首层建筑面积不是十分苛求的办公楼和住宅楼可以采用，那就是将建筑
的首层部分架空，用这部分面积供道路设计使用，也可以作为绿化用地
使用。由于这种方法可以使建筑的外部造型产生变化，绿化环境的空间
渗透也会出现奇妙的效果，因此，其不失为节约用地的一个好办法。

（三）合理开发建筑地下空间

地下空间包括城市地铁、地下停车场以及大量存在的地下人防设
施等。

有着悠久历史的地下空间，在目前建筑技术日益发展的条件下，基
本上可以实现地上建筑的功能要求，在开发和使用地下空间的同时，可
以节约大量土地。

随着我国城市化进程的加快，土地资源的减少成为必然。合理开发
利用地下空间，是城市节约土地的有效手段之一。我们可以将部分城市
交通，如城市轨道交通和跨江、跨海隧道尽可能地转移到地下，把其他

公共设施，如停车库、设备机房、商场、休闲娱乐场所等也尽可能地建在地下，由此实现土地资源的多重利用，提高土地的使用效率。

土地资源的多重利用还可以相对减少城市化发展占用的土地面积，有效控制城市的无限制扩展，有助于实现紧凑型的城市规划结构。紧凑型城市规划结构可缩短城市居民的出行距离和减少机动交通源，相对降低人们对机动交通工具特别是私人轿车的依赖程度，同时可以增加市民步行和骑自行车出行的比例。这将使城市的交通能耗和交通污染大幅减少，实现城市节能环保的要求。

但在利用地下空间时，应结合建设场地的水文地质情况，处理好地下空间的出入口与地上建筑的关系，解决好地下空间的通风、防火和防地下水渗漏等问题，同时，应采用适当的建筑技术实现节能的要求。

（四）既有建筑的改造利用

近年来，我国房地产投资规模急剧扩大，由于城市可供开发的土地资源有限，出现了大量拆除旧建筑的现象。一座设计使用年限为50年的建筑，如果仅使用二三十年就被人为拆除，这种建筑短命现象无疑会造成巨大的资源浪费和严重的环境污染，也违背了绿色建筑的基本理念。

对于因城市规划的改变而导致使用地性质发生改变的区域，在旧建筑面临拆除时，首先应对旧建筑的处置进行充分论证，研究改造后的功能可行性，不到建筑使用寿命的应考虑通过综合改造而继续使用。

在国外，这样的成功案例并不罕见。如法国巴黎塞纳河畔的奥赛博物馆就是在原有的废弃火车站的基础上改建成的，其外形和室内增加了现代气息，再加上其内部功能的合理性，它已渐渐成为和艺术圣殿卢佛尔宫齐名的博物馆。再如澳大利亚悉尼的动力博物馆是在工业区供热厂的基础上改建成的，高大的厂房给综合布展创造了条件，博物馆内的许多大型展品就放置在旧厂房中。特别有意义的是，在改建时重点保留了一个已有近百年历史且尚可运行的蒸汽机作为特殊的科技展品，吸引了各国游客前来参观。

建筑的长寿命和不断变化的功能需求之间是相互矛盾的，新建筑在进行设计时就应考虑建筑全寿命周期内改造的可能性，建筑平面布局的确定、建筑结构体系的选择、设备和材料的选用等都要为将来改造留有余地，适用性能的增强在某种程度上可以延长建筑的寿命。而旧建筑则要综合考虑技术和经济的可能性。

充分利用尚可使用的旧建筑，是节约土地的重要措施之一。这里提到的旧建筑是指建筑质量能保证使用安全或通过少量改造后能保证使用安全的旧建筑。对旧建筑的利用，可以根据保留其现存条件或改变其原有的功能性质来实现。

旧建筑的改造利用还可以保留和延续城市的历史文脉。如果一座城市随处见到的都是新的建筑，就会使外来游客感觉到城市发展史的断层，也会使城市缺少文化底蕴。

（五）合理利用废弃土地

城市的发展有着各自的多样性和独特性，可以说没有一座城市是按照严格意义上的城市规划发展而成的，例如澳大利亚首都堪培拉。当初由于悉尼和墨尔本两大城市的首都之争，国会决议在两个城市的中间选址定都。澳大利亚政府邀请了美国建筑师格里芬承担规划任务，格里芬不负众望，做出了城市结构清晰、功能布局合理的山水城市规划。许多年来，澳大利亚政府一直严格依据这一规划建设自己的首都。但近年来，随着城市常住人口的增加和旅游者的大批到来，政府城市规划部门不得不重新修改原有的设计蓝图。

城市发展过程中废弃地的产生就是最好的例证，也是城市规划变化中不可避免的。以北京的城市规划为例，其以前的城市规划发展方向是向城市北部和东部发展，而新的城市规划修编后，以吴良镛院士提出的"两轴两带多中心"为基本构架，使得北京城市的南部和西部得到了迅速的发展，但同时也带来了一些问题，如存在废弃地的问题。在发展前期，这些地区由于没有发展规划且土地价格低廉，是作为主要发展区的建设服务区使用的，砖厂、沙石场等建筑材料生产企业和垃圾填埋厂的市政服务设施遍布于此，造成了土地资源的严重破坏。随着城市的发展，这些原来的建设服务区变成建设热点地区。废弃地如果不用，一是浪费土地资源，二是会对周围的城市环境产生影响。所以，从节约土地的角度出发，城市的废弃地一定要加以利用。

废弃地的利用前提是要解决一些技术难题，如砖厂、沙石场遗留下来的多是深深的大坑，土壤资源已缺失，加上雨水的浸泡，场地失去了原有的地基承载能力，遇到这种情况，我们只能采用回填土加桩基的方法，使原有废弃地的地基承载能力满足建筑设计的要求。对于垃圾填埋厂址，先要利用科技手段将垃圾中对人们身体有害的物质清除掉，再利用上述方法提高地基的承载能力，如果有害物质不易清除，也可以用换土的方法以保证废弃地的利用。

2000 年在澳大利亚悉尼成功举办了第 27 届夏季奥林匹克运动会，至今当人们参观悉尼近郊的那富有动感和充满科技内涵的运动场馆和奥运村时，仍会被"更高、更快、更强"的奥林匹克体育精神所感染。但谁能想到，这组建筑的建设用地曾经是由滩涂和垃圾场组成的城市废弃地。当时，在运动场馆和奥运村选址期间，许多人反对在这里兴建重要的体育建筑，悉尼市政府却坚持建在这里，以带动海湾这一侧的城市建设与开发。建设者利用先进的生物技术，解决了遗留垃圾问题，利用全新的设计理念和工程技术化解了在滩涂上建造大型建筑所面临的难题，为成功举办奥运会提供了基本保障。

综上可得，我们要视城市废弃地为宝贵的土地资源，科学地利用废弃地相比多重利用土地是一种更有效的节地手段，也更能体现绿色建筑的内涵。

四、绿色建筑选址、节地与室外环境设计

（一）绿色建筑选址

1. 安全性原则

在进行建筑绿色化选址时应坚持安全性与保护性原则。安全性的原则是指绿色建筑的选址应保证建筑物和人类的安全，避开危险源和污染源。这些危险源与污染源包括洪灾、泥石流等自然灾害以及有害物质的污染源，如含有氡的土壤和石材，电视广播发射塔、雷达站、通信发射台、变电站、高压电线等电磁辐射源，油库、煤气站、有毒物质车间等易发生火灾、爆炸和毒气泄漏的场所，易产生噪声的学校和运动场地，易产生烟、气、尘、声的饮食店、修理铺、锅炉房和垃圾转运站等。

2. 保护性原则

保护性原则是指绿色建筑的场地选择与建设不应破坏当地文物、自

然水系、湿地、基本农田、森林和其他保护区。在建设过程中应尽可能维持原有场地的地形、地貌，保护场地内有价值的树木、水塘、水系，减少用于场地平整所带来的建设投资，减小施工工程量，避免因场地建设对原有生态环境与景观造成破坏。对于确实需要改造的场地内的地形、地貌、水系、植被等，在工程结束后，应采取相应的场地环境恢复措施，减少对原有场地环境的改变，避免因土地过度开发而对周围整体环境造成破坏。

（二）绿色建筑节地设计

绿色建筑节地设计包括废弃地与旧建筑的利用和人均用地的控制。废弃地与旧建筑的利用是指在选择绿色建筑场地时应在保证安全性的前提下优先考虑废弃场地与旧建筑，并对原有场地进行检测或处理。城市的废弃地包括不可建设用地（由于各种原因未能使用或尚不能使用的土地，如裸岩、石砾地、陡坡地、盐碱地、沙荒地、废窑坑等）、仓库与工厂弃置地等。选用这些用地是建筑节地的首选措施，既可变废为利，改善城市环境，又基本无拆迁与安置问题。另外，在建筑规划时应充分利用尚可使用的旧建筑，即建筑质量能保证使用或通过少量改造加固后能保证使用安全的旧建筑，使其物尽其用、节约资源。

人均用地指标是控制建筑节地的关键性指标，人均用地的控制指标应在国家标准的上限指标之内。具体的控制方法有三种：一是控制户均住宅面积；二是通过增大中高层住宅和高层住宅的比例，在增加户均住宅面积的同时，满足国家控制指标的要求；三是开发利用地下空间，将地下空间用于布置建筑设备机房、自行车库、机动车库、物业用房、商业用房、会所等。

（三）绿色建筑室外环境设计

绿色建筑的室外环境设计包括绿化设计，日照、采光与风环境设计，公共服务设施规划与设计。

1. 绿色设计

绿色建筑的室外绿化不仅具有生态功能，如净化空气、调节温度与湿度、降低噪声等，还具有社会功能，能美化环境，为人类提供休闲娱乐场所。

室外绿化程度通常用绿地率与人均绿地面积来表示。绿地率是指住区范围内各类绿地面积的总和占住区用地面积之比。绿地率是衡量住区环境质量的重要指标之一。各类绿地面积包括公共绿地、宅旁绿地、公共服务设施所属绿地和道路绿地（道路红线内的绿地），其中又包括满足当地绿化覆土要求、方便居民出入的地下或半地下建筑的屋顶绿地。绿色建筑绿地率与人均绿地面积应符合《城市居住区规划设计规范》（GB 50180—2018）的相关规定及达到其他相关标准的要求。

室外绿化植物的配置应优先选择乡土植物。乡土植物具有很强的适应能力，种植乡土植物既可确保植物的存活，减少病虫害，有效降低维护费用，还能体现地方特色，体现本地区植物资源的丰富程度和特色植物景观等。此外，在植物的配置上还应采用乔木、灌木、草相结合的复层绿化，形成富有层次的具有良好生态效益的绿化体系，提高绿地的空间利用率，使有限的绿地发挥最大的生态效益和景观效益。

2. 日照、采光与风环境设计

绿色建筑的室内外日照环境、自然采光和通风条件，与室内的空气质量和室外环境质量的优劣密切相关，直接影响居住者的身心健康和居住生活质量。如住宅建筑，为保证住宅建筑基本的日照、采光和通风条件，应满足《城市居住区规划设计规范》（GB 50180—2018）中有关住宅建筑日照标准的要求。

日光具有双重性，既有益又有害。绿色建筑在进行日照环境设计时，可通过合理配置建筑物，选择恰当的楼间距，设计不同的建筑外形来达到建筑室内采光的基本要求，满足室外活动场地在寒冷气候条件下的日照需求，同时避免夏季紫外线的强烈辐射，对人体造成伤害。如可通过合理的外部空间安排，尽量减小不利影响，在寒冷地带将对日照要求高的部分——小广场入口、公共活动场地、人行道等置于日照较好的区域，停车场、后勤场地等置于日照较弱的地段；可以通过准确地掌握建筑外部空间领域不同时间的阴影变化，利用阴影的时间差特点，结合外部空间使用的高峰时间、冷落时间，安排各种不同用途的场地，高效率地利用日照条件。在夏季炎热的地区，以构筑物和绿化的形式对强烈的阳光予以遮挡或过滤，给人们提供舒适的活动空间和阴凉的休息环境。

在进行风环境设计时，一方面要使建筑物及其室外环境保持适当的自然通风，另一方面还要避免涡旋气流引起风速过大的问题。自然通风对于建筑节能与人体健康都十分重要。通风不畅会严重阻碍空气的流动，在某些区域形成无风区或涡旋区，不利于室外散热和污染物的消散，也会阻碍室内外自然通风的顺畅进行，在夏季可能增加空调的负荷。在夏季、过渡季，良好的自然通风有利于提高室外环境的舒适度，夏季可避免由于长时间停留于在大型室外场所中的恶劣热环境而引发的生理不适甚至中暑的现象。而高层建筑又带来了再生风和二次风环境问题。在鳞次栉比的建筑群中，由于建筑单体设计和群体布局不当，有可能因局部风速过大，导致行人举步维艰或强风卷刮物体伤人的事故等。因而在北方冬季风力较大的地区，应适当建设高层建筑群房，尽量采用能形成封闭性较强的院落空间的手法，合理选择院落开口方向，做好入口、过街楼处的防风处理，将风导向群房屋面以减少风对地面的影响，从而形成一种高低错落、引导风向的布局效果。

3. 公共服务设施规划与设计

绿色建筑，尤其是小区绿色住宅建筑，还应考虑公共服务设施的建设问题。居住区配套公共服务设施（也称配套公建）包括教育、医疗卫生、文化体育、商业服务、金融邮电、社区服务、市政公用和行政管理八类设施。住区配套公共服务设施，是满足居民基本的物质与精神生活所需的设施，也是保证居民居住生活品质不可缺少的重要组成部分。配套公共服务设施应考虑集中设置，如学校、医院等的部分设施还可与周边小区共享，以达到节约用地、方便使用和节省投资的目的，同时还要符合《城市居住区规划设计规范》（GB 50180—2018）的相关规定。此外，在绿色建筑的选址和住区出入口的设置方面还应考虑方便居民充分利用公共交通网络，使住区主要出入口的设置与城市交通网络之间实现有机连接。

第三章　绿色建筑是如何节能的

绿色建筑节能技巧，包括提高能源利用效率、降低建筑围护结构等能耗和充分利用可再生能源三个方面。

一、 提高能源利用效率

（一）影响建筑能耗的因素

建筑在使用过程中消耗的主要能源类型有煤、燃气、电力。有关数据表明，中国建筑年消耗能源约占全社会终端能耗的 27.6%。根据发达国家的经验，随着大量农村人口进入城市和人们生活质量的改善，建筑能耗占全社会能源消耗总量的比例还会继续上升，预计到 2020 年，我国建筑能耗将占总能耗的 35% 以上。

建筑物在使用过程中用于供暖、通风、空调、照明、电梯、电器、动力、烹饪、给排水和热水供应等的能量消耗，称为建筑能耗。其中以采暖及空调能耗最多，约占建筑总能耗的 65%。其次是热水供应和电气照明，分别占建筑总能耗的 15% 和 14%，炊事能耗约占 6%。

1. 供暖、通风、空调能耗

暖通空调能耗是建筑能耗中的大户，据统计，在发达国家中暖通空调能耗占建筑能耗的 65%，以建筑能耗占社会总能耗的 35.6% 计算，暖通空调能耗占社会总能耗的比例竟高达 22.75%，由此可见，建筑节能工作的重点应是暖通空调的节能。

2. 建筑设备的能耗

建筑设备的能耗包括电梯能耗和给水、排水的水泵等的能耗。在高层建筑中，电梯成为必不可少的垂直运输工具，然而在为人们的垂直交通提供方便的同时也消耗了大量的电力。在高层公共建筑中，电梯能耗仅次于空调能耗。

3. 家用电器的能耗

电视机、电冰箱、洗衣机、电风扇、微波炉、电磁炉、电饭锅、电烤箱、电热水器等家用电器的种类越来越多，为我们的日常生活带来了极大的方便。由于其种类和数量的增长，其消耗的电能也比从前增加了上百倍。

4. 照明、办公电器等的能耗

现在大部分的办公建筑即使白天也要大量使用人工照明。在大型公共建筑中，由于建筑物的体量和进深较大，还有很多地下空间不能得到足够的自然采光，不得不利用人工照明。

我们在享受计算机、投影机、复印机、打印机及传真机等办公电器为工作带来的极大方便的同时，这些电器也消耗了大量的电力，其散发的热量加大了空调的负荷。以上这些都对建筑能耗有直接影响。

5. 气候对建筑物能耗的影响

我国幅员辽阔，各地气候差异很大，大致可分为五类气候地区，分别是严寒地区、寒冷地区、夏热冬冷地区、夏热冬暖地区和温和地区，其中严寒地区和寒冷地区冬季需要取暖，夏热冬冷地区冬季需要取暖，夏季需要空调降温，而夏热冬暖地区仅夏季需空调降温。总之，我们需要根据不同地区的气候差异，采取不同的建筑设计措施，在为人们创造舒适的生活和工作环境的同时，尽可能节能降耗。

6. 新风对建筑物能耗的影响

在空调建筑物内工作和生活的人们同样需要呼吸到室外的新鲜空气（即新风），在夏季需要将室外高温的空气冷却后送入建筑物，在冬季需要将室外寒冷的空气加热后送入建筑物，冷却或加热新风需要消耗能量。空调新风是影响空调是否节能的一个重要方面，新风量过多会增大空调负荷，进而增加能耗；新风量过少则室内环境空气质量会下降。因此，对夏季需要供冷、冬季需要供热的空调房间，新风量应该控制到满足卫生要求的最小值。而在过渡季节，房间一般不需要制冷或供热，可全部采用新风。这是空调系统最有效的节能措施之一。

7. 建筑外围护结构的保温、隔热性能对暖通空调能耗的影响

（1）保温性能

我们可以通过"传热系数"来描述外围护结构的保温隔热性能。传热系数是单位面积的围护结构在两侧温差为1℃时，单位时间内通过的能量。传热系数越大，通过围护结构的热损失也就越大。提高建筑节能水平，减少建筑物的暖通空调能耗，就必须降低围护结构的传热系数。在严寒的东北地区，过去通常采用很厚的砖墙和多层外窗建造房屋，目的就是加强外围护结构的保温性能，减少通过其散失的热量。现在人们可以采用各种导热系数小、性能良好的保温材料，通过合理的外墙构造，在很大程度提高外墙保温性能的同时，减少外墙的厚度，由此

可以得到更多的有效建筑面积。

（2）隔热性能

围护结构外表面在太阳辐射下的升温速度和温度高低可反映围护结构的隔热性能。对于目前节能建筑所采用的轻质材料而言，外表面升温快，温度高，则代表其隔热性能好。这是因为外表面温度高，必然向空气中散失更多热量，使传入围护结构并渗透到室内的热量减少。

（3）透明的外围护结构

房屋透明玻璃窗的主要作用是满足人们对自然采光、通风的需要。在冬季，朝阳的玻璃窗在有日照的时候，为房间带来光明和热量；但由于室内温度高于室外，房间热量也不断通过玻璃窗散失到室外。而在没有日照的朝向和夜晚，冬季通过玻璃窗散失到室外的房间热量占整个房间热量的近一半。在夏季，被太阳直射到的玻璃窗将太阳的辐射热量接收到室内，使我们不得不使用空调以提供更多的冷量来抵消这部分太阳辐射的热量。于是，人们通过窗帘等遮阳措施来减少太阳带给房间的过多的热量。选择适当的外窗形式和材料是提高建筑物保温隔热性能的重要途径。近年来，随着制造水平和生产工艺的提高，外窗的能耗得到了很大改善，不过玻璃窗的保温隔热性能仍然远低于外墙，所以过多、过大的玻璃窗非常不利于减少建筑物的暖通空调能耗。

（二）绿色建筑暖通空调系统节能设计

绿色建筑的暖通空调系统是指项目中所需要的空气调节系统，包括采暖、通风、空气调节三个方面，简称空调系统，其目的是维持建筑内部适宜的热度、湿度及空气环境。一般空调系统的设计包括制冷供暖系统、新风系统、排风（排油烟）系统等的综合设计。通常供给空调系统的能量由热源和冷源经水系统传递给风系统，再由风系统将能量传递给被调节的房间，以达到所要求的室内温湿度参数。

建筑中暖通空调系统所消耗的能量即为暖通空调系统的能耗，占建筑能耗的 50% ~ 60%，且逐年上升。暖通空调系统能耗包括建筑物冷热负荷引起的能耗、新风负荷引起的能耗及输送设备（风机和水泵）的能耗。影响暖通空调系统能耗的主要因素有室外气候条件、室内设计标准、围护结构特征、室内人员数量、设备照明的状况以及新风系统的设置等。

暖通空调系统的能耗有两个特点：一是维持室内环境所需的冷热能量的品位较低，且具有季节性特点。由于所需冷热能量的品位较低，在具备条件的情况下就有可能利用天然能源来满足，如太阳能、地热水、废热、浅层土壤蓄热（冷）、蒸发冷却等。二是系统设计、选型和运行的不合理将会降低用能效率。提高系统控制水平，调整室内温湿环境参数，可降低空调系统能耗。

暖通空调系统的节能设计体现在整个系统的每个环节，如详细进行系统的冷热负荷计算，力求与实际需求相符，避免最终的设备选择不符合实际需求；选择高效的冷热源设备；减少输送系统的动力能耗；选择高效的空调机组及末端设备；合理调节新风比；采用热回收与热交换设备，有效利用能量。暖通空调系统的主要节能措施包括以下三个方面。

1. 合理设置室内温湿度参数，降低暖通空调系统的能耗需求

室内温湿度的设置参数是一个重要指标，它确定了空气处理的终极目标，决定了室内环境是否满足人们的舒适性要求，并且在很大程度上影响了冷热负荷的大小。室内热舒适性受多种因素影响，如人体的活动程度、衣服的热阻、空气干球温度、室内平均辐射温度、空气流动速度、空气湿度等，这些因素的不同组合，所需消耗的能源量也不同。合理组合各种因素，可在保证热舒适的前提下，降低能耗。而且，人们对舒适感的要求有很大差别，因而，对于舒适性允许有一个范围较宽的舒适区。在舒适范围内，夏季供冷时，选取较高的室内温度和相对湿度；冬季供热时，选取较低的室内温度和相对湿度，从而降低暖通空调系统的能量消耗。因此，在暖通空调系统的最初设计时，应当因人而异、因地制宜地确定室内热环境参数标准。

2. 采用新型节能、舒适、健康的空调方式，提高能源利用效率

常见的节能舒适健康类型的空调包括辐射供冷（暖）系统、低温送风空调系统、冷却塔供冷系统、置换通风加冷却顶板空调系统、制冷剂自然循环系统、蓄能空调系统、变流量系统、热泵空调系统等。

（1）辐射供冷（暖）系统

辐射供冷（暖）是指降低（升高）围护结构内表面中一个或多个表面的温度，形成冷（热）辐射面，依靠辐射面与人体、家具及围护

结构其余表面的辐射热交换进行供冷（暖）的技术方法，具有能使人体感到舒适感、节能的优点，如低温地板辐射供暖和冷却吊顶系统。低温地板辐射供暖因其具有舒适性、节能、便于分户计量等优点，目前在我国北方地区已获得了大面积应用。与对流供暖方式相比，地板辐射供暖方式热效率高，热量集中在人体受益的高度内，即使室内设定温度比对流式采暖方式低一些，也同样能使人们有温暖、舒适的感觉，热媒低温传送，在传送过程中热量损失小，热效率高；与其他采暖方式相比，也有很好的节能效果。冷却吊顶是应用最多的一种低温辐射供冷技术，因其舒适、节能等特点，在欧洲一些国家已得到广泛应用，我国也有相关产品及应用。

（2）低温送风空调系统

低温送风空调系统是指从集中空气处理机组送出温度较低的冷风进入空调房间。所谓低温是相对于常规送风温度而言的，常规送风系统从空气处理器出来的空气温度一般为 10℃ ~ 15℃，而低温送风空调系统的送风温度为 4℃ ~ 10℃。低温送风降低了送风温度，从而减少了送风量，也就减小了空气处理设备的尺寸和电耗。冰蓄冷技术的发展，使提供 1℃ ~ 4℃ 的低温冷冻水切实可行，为低温送风方式创造了条件。

与常规温度送风空调比，低温送风空调具有提高舒适度、节能、初期投资少、运行费用低和节省空间等优点。低温送风空调系统，在国内尚属新技术范畴，指导设计的具体方法较少，但由于其节能特性，在实际工程中已有所应用。

（3）冷却塔供冷系统

冷却塔供冷系统是指在室外空气温度较低时，无须开启冷冻机，利用流经冷却塔的循环水直接或间接地向空调系统供冷，提供建筑物所需要的冷量，从而节约冷水机组的能耗，达到节能的目的。这种方式比较适用于全年供冷或供冷时间较长的建筑物。利用冷却塔实行免费供冷不仅减少了冷水机组的耗电量，同时节约了用户的运行费用。

（4）置换通风加冷却顶板空调系统

置换通风加冷却顶板空调系统即置换通风与冷却顶板的复合系统，置换通风方式是将集中处理好的新鲜空气直接在房间下部以低速、小温差的状态，借助空气热浮力作用，在送风及室内热源形成的上升气流的共同作用下，把热浊空气提升至顶部排出，形成所谓"新风湖"。冷却顶板具有辐射作用，专用于承担室内显冷负荷。在这种系统中，人体感受到的温度会比实际室温要低，所以在相同热感觉下，设计室温可比传统混合通风空调提高一些，从而减少显冷负荷。此外，冷却顶板不要求较低的供水温度，这使某些天然冷源也得以应用。该复合系统既有利于保证新风的供应，排除污染物质，又因送排风量相对减少，通风效率提高，减少新风处理能耗以及送排风动力的消耗。据国外资料分析，这种系统较传统的混合式通风空调系统，可以节约的总能耗达 37% 左右。

（5）制冷剂自然循环系统

制冷剂自然循环系统是借助制冷工质在特定的密闭回路的高位回汽冷凝和低位回液汽化过程，利用气态与液态冷媒之间的密度差实现其自然循环，同时将冷热量自冷热源传递给空调用户。该系统的最大特点是利用工质密度差作为驱动力，因此就不需要压缩机作为动力源，相应地，也就不需要电力输入，没有效率转换，即可实现高效的节能运行。通过对一个典型办公楼（建筑面积 1 万平方米）的对比分析表明，这种系统较之传统集中式和分散式系统，冷热源装机容量分别减少 57% 和 63%，耗电量降低约 54% 和 43%，运行成本则节省了约 66% 和 55%。

（6）蓄能空调系统

所谓蓄能空调系统，就是将多余的电网负荷低谷段的电力用于制冷或制热，利用诸如水或盐类等介质的显热和潜热，将冷量或热量储存起来，在电网负荷高峰段再将冷、热量释放出来，作为空调的冷、热源。将蓄能空调系统与电力系统的分时电价相结合，从宏观上可以起到平衡电网负荷和调峰节能的作用，微观上可以为空调用户节省大量运行费用。

（7）变流量系统

变流量系统即利用变频技术，用变速泵和变速风机替代调节阀，根据空调负荷改变水流量或风流量，从而达到节能的目的。实行变流量调节不仅可直接防止或减少运行调节的再热、混合等损失，而且由于流量随负荷的减少而减少，使输送动力能耗大幅度降低，节约风机和水泵耗电量，因而能有效地节能。变流量系统分为变风量系统和变水量系统。

变风量系统可以根据空调负荷的变化自动减小风机的转速，调整系统的送风量，维持室温来实现节能的目的。该系统比定风量系统的全年空气输送能耗节约 1/3，设备容量减少 20% ~ 30%，适用运行期间对负荷变化大、部分负荷时间多的空调分区。变水量系统是采用变速水泵维持供回水压差恒定，当负荷减少时，减少供水量，从而减少水路输送的能耗。和定水量系统相比，变水量系统既可避免冷热抵消的能量损失，还可以减少水路输送的能耗。

（8）热泵空调系统

热泵空调系统是指依靠高位能的驱动，使热量从低位热源流向高位热源的装置。它可以把不能直接利用的低品位热能转化为可直接利用的高品位热能，从而达到节约部分高位能（如煤、石油、天然气和电能等）的目的。热泵取热的低温热源可以是室外空气、室内排气、地面或地下水以及废弃不用的其他余热。热泵系统可分为空气源热泵、水源热泵以及地源热泵三类。其中，热泵从自然界中提取能量，效率高且没有任何污染物排放，是当今最清洁、经济的能源方式。在资源日趋匮乏的今天，作为人类利用低温热能的最先进的方式，热泵技术在全世界范围内受到广泛关注和重视，现已用于家庭、公共建筑、厂房和一些工艺过程。

3. 设置热能回收装置，实现能源的最大限度利用

热能回收装置可在空调系统运行过程中，使状态不同（载热不同）的两种流体，通过某种热交换设备进行总热（或湿热）传递，在不消耗或少消耗冷（热）源能量的情况下，充分利用空调系统的余热，完成系统需要的热、湿变化过程，达到节能的目的。在建筑物的空调负荷中，新风负荷所占比例较大，一般占空调总负荷的 25% ~ 30%。为保证室内环境质量，空调运行时要排走室内部分空气，必然会带走部分能量，而同时又要投入能量对新风进行处理。如果在系统中设置能量回收装置，用排风中的能量来处理新风，就可减少处理新风所需的能量，降低机组负荷，提高空调系统的经济性。

（三）采光与照明系统的节能设计

建筑物的照明系统也是一个巨大的能耗系统。照明耗电在每个国家的总发电量中都占有不可忽视的比重，我国照明耗电占全国总发电量的

10%～12%，在实际的运行中存在着很严重的浪费现象。建筑采光与照明系统的节能设计应在满足建筑物的功能要求，即在满足照明的照度、色温、显色指数及建筑物的一些特殊工艺要求的前提下，考虑实际经济效益，在不过高增加投资和运行费用的情况下，减少无谓能量的消耗。建筑采光与照明系统的节能设计主要包括以下三个方面：

1. 充分利用天然采光

充分利用天然采光是指充分利用自然光来满足照明需求。自然光不仅具有较高的视觉功效，还能满足人类心理和生活上的舒适要求，从而达到促进人体健康的目的。天然采光是照明节能的一个重要内容，照明节能应从科学合理地应用自然光开始，最大限度地使用这种大自然赋予的能源。在天然采光中，窗的采光效率是最受关注的。窗户具有采光、通风、防噪声、防范（防尘、防火、防窃）等多种功能，在日照充足的地区，建筑设计中要充分利用这一资源，这也是建筑照明节能的第一步。建筑物的采光设计可通过多种途径来实现，如采用反射挡光板的采光窗、阳光凹井采光窗等，也可利用先进的导光方法和导光材料，如反射法、导光管法、光导纤维法、高空聚光法等，这也是近年来建筑采光设计重点研究的方向之一。

2. 合理选用照明方式、光源与照明灯具，进行照度控制

建筑的不同部位具有不同的功能，对光线的要求也有所差异，应根据不同的照明要求采用适当的光源与照明灯具，进行照度控制。

科学选用电光源是照明节电的首要问题。电光源按发光原理可分为两类：一类是热辐射电光源，如白炽灯、卤钨灯等；另一类是气体放电光源，如汞灯、钠灯、氙灯、金属卤化物灯等。各种电光源的发光效率有较大差异。气体放电光源光效比热辐射电光源高得多。目前，国内生产的电光源的发光效率、显色性能均在不断提高，其寿命也在不断延长，节能电光源不断涌现。一般情况下，可逐步用气体放电光源替代热辐射电光源，并尽可能选用光效高的气体放电光源。在科学选择电光源的同时也要配备合适的灯具。灯具的主要功能是合理分配光源辐射的光通量，满足环境和作业的配光要求，并且不能产生炫目现象和严重的光幕反射。选择灯具时，除考虑环境光分布和限制炫光的要求外，还应考虑灯具的效率，选择高光效灯具。另外，在灯具设计上要采用合理的配

光。如白炽灯的灯具若在弧度上处理合理，在照度不变的情况下可节电20%；荧光灯的灯具设计错开重光部分，则可提高60%的光效。

除选择合适的光源与灯具外，还应根据需要进行照度控制。照度太低，会损害人的视力，影响生活与工作质量。不合理的高照度则会浪费电力，选择照度必须与所进行的视觉工作相匹配，并满足国家相应的标准要求。

3. 选择合理的照明控制方式

随着电子技术的发展，照明控制技术也在不断发展。从节能、环保、运行维护及投资回收期等方面看，现代智能照明控制方式应成为照明控制的主流，照明控制设计应具有前瞻性。现代智能照明控制方式有很多种，应根据不同的使用要求选择合适的控制方式。如针对楼梯、通道等公共区域，采用手动、移动感应器或定时自动控制器控制电灯开启，当有人到达时，启动电灯，经过一段延迟，电灯自动关闭或转暗；酒店、办公大堂、多功能厅、会议室或体育场馆、剧院、博物馆、美术馆等功能性要求较高的公共建筑，则宜采用智能照明集中控制；大面积的办公室、图书馆，宜采用智能照明控制系统，在有自然采光区域内的电气照明，可采用恒照度控制，靠近外窗的灯具应随着自然光线的变化，自动点燃或关闭该区域内的灯具，保证室内照明的均匀和稳定；学校教学楼、多媒体教室可采用调光控制，为节省投资，一般教室可采用面板开关控制。

二、 降低建筑围护结构等能耗

降低建筑围护结构等能耗主要从建筑体形节能设计、建筑围护结构节能设计、建筑门窗节能设计、建筑屋面节能设计四个方面来降低建筑能耗。

（一）建筑体形节能设计

在建筑设计中，人们常常追求建筑形态的变化。建筑形态是指建筑物平面所构成的形状特征。它取决于城市景观、功能要求、技术条件、设计灵感等多项因素，体现为建筑的长度、宽度（进深）和高度。

建筑物的体形系数是建筑物接触室外大气的外表面积与其所包围的

体积的比值。它实质上是指单位建筑体积所分摊到的外表面积。外表面积中，不包括地面、不采暖楼梯间隔墙和户门的面积。体积大、体形简单的建筑以及多层和高层建筑，体形系数较小，对节能较为有利。建筑物的体形系数是衡量建筑物是否节能的重要标准之一，国家节能标准对不同地区的住宅建筑有不同的体形系数要求。

建筑体形形态与建筑节能密切相关。建筑围护结构材料、构造相同的建筑，由于平面形状不同，受太阳影响程度以及建筑室内外通过外墙表面的热交换情况会有所差异，可以通过建筑体形系数体现出来。研究表明，建筑的体形系数每增加0.01，能耗指标将增加2.5%。体形系数越大，建筑体积的外表面积越大，散热面积也越大，建筑能耗就越高，对建筑节能越不利。相反，体形系数越小，对建筑节能越有利。

因而，从节能的角度考虑，应尽可能减小建筑物的体形系数。但建筑体形系数还与建筑造型、平面布局、采光通风等因素密切相关，体形系数过小将造成建筑造型呆板、平面布局困难甚至影响采光通风等建筑功能。在进行建筑设计时，应综合考虑节能要求、使用功能和建筑造型，在既不损害建筑功能，又不影响建筑立面造型的前提下，尽量减少外围护结构的凹凸变化，设计合理的建筑朝向，降低建筑物体形系数，从而减少建筑能耗。

（二）建筑围护结构节能设计

建筑的围护结构包括门、窗、墙、屋顶、遮阳设施等，它们的设计不但对环境性能、室内空气质量与用户所处的视觉和热舒适环境有很大的影响，而且围护结构的热传导和冷风渗透是影响建筑能耗的主要因素。

围护结构的节能设计是通过采用适当的措施改善建筑围护结构的热工性能，减少室内、室外的热量交换，使室内温度尽可能接近舒适温度，以减少通过采暖制冷设备来达到合理舒适室温的负荷，从而达到节能的目的。围护结构节能的设计重点在于保温和隔热两方面，主要包括外墙的保温隔热、门窗的节能和屋顶的节能三方面的设计。

1. 建筑围护结构基本状况

建筑围护结构是指建筑物及房间各面的围挡物，如墙体、门窗、屋顶、地面等。其中直接与外界空气环境接触的围护结构称为外围护结构，如外墙、外窗、屋顶等；反之为内围护结构，如内墙、楼地面等。

降低采暖和空调能耗的前提是满足居民的居住舒适度要求，主要措施就是尽量保持室内的温度、减少通过围护结构而散失的室内热量或冷量，因此，控制高层建筑围护结构保温隔热性能是建筑节能工作的重要措施。建筑围护结构保温隔热性能是由组成围护结构的各部分材料性能所决定的，材料的保温隔热性能通常用传热系数 K 来衡量，传热系数越大，则表明材料传热的能力越强，说明其保温隔热的效果就越差。提高建筑围护结构保温隔热性能就是要尽量降低围护结构各个部分的传热系数。

《绿色建筑评价标准》（GB/T 50378—2019）规定："围护结构热工性能指标符合国家批准或备案的公共建筑节能标准的规定。"

（1）墙体

墙体是建筑外围护结构的主体，其所用材料的保温隔热性能将直接影响建筑的耗能量。我国大部分既有建筑以实心黏土砖为墙体材料，其热工性能绝大部分不能满足设计标准。若采用高效保温隔热的墙体材料或结构，可大大提高墙体的热工性能。

（2）门窗

门窗是外围护结构中绝热性能最薄弱的部位，过去采用空腹薄木板木门，现多填充聚苯板或岩棉板使户门具有保温、防盗、隔音等功能。可在阳台门下部加贴绝热材料，使其传热系数大大降低。改善窗户的保温性能需解决镶嵌材料和窗框扇型材两部分。如增加玻璃层数，可大大提高窗户的保温性能；采用钢塑型、钢木型、木塑型等复合型窗扇，可加强窗户的框扇型材部分的保温性。此外，减少冷风渗透对门窗节能也很重要。

（3）屋顶

目前，屋顶应用较多的是加气混凝土保温材料，但厚度比传统屋面增加 50～100 毫米。此外，一些高效保温材料也开始应用于屋面，如正铺法聚苯板保温屋面，在结构层上铺设 50 毫米厚聚苯板做保温层，最上层为防水层；再如倒置型保温屋面，把聚苯板设在防水层以上，使防水层避免直接受太阳辐射，其表面温度升降幅度大为减小，延缓了防水层老化进程。这种 50 毫米聚苯板外保温屋面与传统的 20 毫米加气混凝土屋面相比，保温屋面的节能效果更明显。

2. 建筑墙材的类型及特点

我国传统的外墙承重结构为普通黏土砖，普通黏土砖是建筑工程中应用最广、数量最大的墙体材料。但黏土砖制砖毁地、耗能，且用普通黏土砖砌筑的房屋存在自重大、隔热性差的缺点，无法达到建筑节能的要求，造成资源的严重浪费。因此升级普通黏土砖，推广新型墙体材料势在必行。

（1）加气混凝土砌块

1）结构

加气混凝土砌块，是采用钙质材料（水泥或石灰）、硅质材料（砂或粉煤灰等）和发气剂（通常采用铝粉）经加水在高温蒸养条件下进行化学反应，生成硅酸盐托勃莫莱石等，形成具有均匀气孔分布的轻质整体，孔隙率高达70%~80%。

2）主要特点

①高孔隙率使材料的容重大大降低。

②传热系数小，保温性能好。

③墙体容重小，抗震性能好。

④施工方便。

⑤耐火性能良好。

⑥孔隙率高。

⑦强度较高。

⑧有利于保护生态环境。

（2）混凝土多孔砖

1）结构

混凝土多孔砖是以水泥和石屑等矿业废渣为原材料，以砌墙砖尺寸为基本规格而制成的一种新型墙体材料。它既不同于黏土多孔砖，也不同于普通混凝土小型空心砌块。现有资料和工程实例表明，混凝土多孔砖可以直接替代黏土多孔砖，用于一般民用和工业建筑。

2）主要特点

①多孔砖不得用于基础工程。

②多孔砖存在孔洞，为避免浇筑圈梁混凝土时水泥浆流入孔洞造成

蜂窝缺陷，故必须将圈梁下面一层多孔砖改砌为普通砖，防止圈梁混凝土漏浆。

③水平管线应考虑通过楼板或在现浇混凝土圈梁内留管来解决，垂直管线则仍然只能打凿墙体。为保证墙体的强度不被削弱，一方面尽量控制好凿槽的尺寸，另一方面应做好事后的修补工作。

（3）混凝土空心砌块

1）结构

混凝土空心砌块是由混凝土、粉煤灰或其他工业废渣为主要原材料制作而成的，具有块大、空心壁薄、轻质高强、施工工效高等特点。但是，砌块建筑存在"裂、热、漏"及水电管线安装难等问题，影响建筑工程质量，阻碍混凝土空心砌块的推广应用，成为墙体改造不可忽视的问题。

2）主要特点

①降低工程造价。

②减轻工人劳动强度。

③增大建筑物的使用面积。

④提高建筑物的保温性能，增加节能效益。

（4）蒸压粉煤灰砖

1）结构

蒸压粉煤灰砖是以粉煤灰、石灰（电石渣）、石膏为主要原料，掺加适量集料和其他掺和料，经坯料制备、压制成型、高压蒸汽养护等工艺过程制成的实心砖。

2）主要特点

①蒸压粉煤灰砖具有高强度、高耐久性的特点。

②使用蒸压粉煤灰砖可以减轻墙体自重，降低工程造价。

③增加产品绿色度，提高产品市场竞争力。

（5）灰砂砖

1）结构

灰砂砖由砂与石灰等主要原料经坯料制备后，将坯料入模对砖大面施压成型，再经高压釜蒸压养护而成，其中占到总组分的 80% ~ 90% 。

2）主要特点

①灰砂砖砌体要采用高黏度性能的专用砂浆，宜采用较大灰砂比的

混合砂浆；防潮层以上的砖砌体，应采用水泥混合砂浆砌筑。

②其蓄热、隔声能力显著，同时也是防火材料。

③灰砂砖不宜与黏土砖混砌。

④灰砂砖每天的砌筑高度控制在 1.2 米以内，使砌块有适当的沉缩过程。

⑤用于基础的蒸压灰砂砖最低抗压强度等级应为 MU15。蒸压灰砂砖不能用于温度长期超过 200℃、受骤冷骤热或有酸性介质侵蚀的部位，如不能用于砌筑炉壁、烟囱等承受高温的部位。

3）不足

①灰砂砖表面平整光滑，与灰浆的黏结性差，容易造成抹灰空鼓、开裂。

②灰砂砖的吸水速度慢，过厚的抹灰层，容易出现灰浆流淌开裂。

③抹灰砂浆的强度不宜太低，否则会造成灰砂砖变形而导致裂缝。

（6）建筑板材

1）结构

我国住宅结构体系今后发展的方向，国务院办公厅（1999 年）72 号文件《关于推进住宅产业现代化提高住宅质量的若干意见》中已有明确指示：要完善和提高异型柱框轻结构体系，积极开发和推广使用轻钢框架结构体系及其配套的装配式板材，在总结已推行的大开间承重结构基础上研究开发新型的大开间承重结构体系。

2）建筑板材的类型

目前，国内外建筑板材分为两大类，一类为单板，另一类为整体式建筑板材。单板又称为平板，如纸面石膏板、石棉（纤维）水泥板、冰泥木屑板、冰泥刨花板、硅钙板等，建筑单板的生产方法有半干法、浇注法、抄取法、流浆法。其中，半干法生产工艺之所以能广泛应用，其原因是该工艺有着节能、节水、无废水排放、制品密实、强度高、吸水率低、尺寸稳定性好的特点。

整体式建筑板材，是整块板材作为墙板或楼板，它分为条板和复合板。条板又分为空心条板和实心条板，根据原材料性能和板材的功能特点，广泛用于楼板内外墙板或屋面板；复合板又分为复合条板和复合大板，多用于外墙墙体或屋面地板等。

3）主要特点

由于板材规格尺寸工整，易于成形，便于机械化生产，生产效率高。加上板材尺寸大、规模大、整体性好，可以装配式安装，施工效率高，可做到生产工业化、产品标准化、规格尺寸模数化、施工装配化，易于控制产品质量和工程质量。随着我国住宅产业的发展，框架结构体系的比例逐渐上升，建筑墙板特别是轻质内隔墙板的需求也大大增加。

由于建筑板材具备许多优点，因而它自然成为替代实心黏土砖的主导产品。它同样可以利用废渣做原料、减薄墙体厚度、扩大使用面积、减轻房屋自重、降低基础造价，具有明显的综合经济效益。

（7）复合墙体

墙体是建筑外围护结构的主体，墙体的保温与节能是建筑节能的主要实现方式。多年来，我国建筑墙体一般采用单一材料，如空心砌块墙体、加气混凝土墙体等。单一材料导热系数大，一般为高效保温材料的20倍以上，难以满足较高的保温隔热要求。因此，复合墙体得到了快速发展，逐渐成为当代墙体的主流。

复合墙体主要是通过在墙体主体结构基础上增加复合的绝热保温材料来改善整个墙体的热工性能。复合墙体一般用砖或钢筋混凝土做承重墙，并与绝热材料复合；以及用钢或钢筋混凝土框架结构，用薄壁材料夹以绝热材料做墙体。建筑用绝热材料主要是岩棉、矿渣棉、玻璃棉、泡沫聚苯乙烯、泡沫聚氯酯、膨胀珍珠岩、膨胀蛭石以及加气混凝土等，而复合做法则多种多样。复合墙体的优点在于既不会使墙体过重，又能承重，保温效果好，目前在发达国家的新建筑中被广泛应用。

采用复合墙体是最有效的建筑节能措施之一。随着墙体改革的深化，已有许多建筑采用复合墙体进行保温隔热，以达到建筑节能的要求。

根据复合材料与主体结构位置的不同，外墙保温结构主要包括外墙内保温、外墙夹芯保温和外墙外保温三种构造，三种结构的特点及对比介绍如下：

1）外墙内保温

外墙内保温是在外墙内表面进行保温隔热施工。最初的保温隔热施工大部分都是内保温施工。外墙内保温施工程序：基层处理→保温隔热层→石膏砂浆。基层处理方法包括：凿毛、湿水、找平或普通水泥砂浆聚合物水泥砂浆拉毛；保温隔热层是由现浇（或预制）板材、膨胀珍珠岩保温材料、胶粉聚苯颗粒灰浆、聚苯板（如 EPS、XPS）等组成；石膏砂浆由石膏、分散乳胶粉和外加剂组成。

①该种施工方法的优点：

a. 对面层无耐温要求。

b. 施工便利。施工不受气候的影响，也不需要做防护措施。

c. 造价较低。充分利用工业废弃物，不需要很多工具。

②该种施工方法的缺点：

a. 不能彻底消除热桥，从而削弱了墙体绝热性，使得绝热效率仅为 30% ～40%；另外，由于热桥的影响，在内表面易产生结露。

b. 若面层接缝不严而导致空气渗漏，易在绝热层上结露。

c. 减少有效使用面积。

d. 室温波动较大，对墙体结构造成破坏。

2）外墙夹芯保温

外墙夹芯保温是将保温层（岩棉板、聚苯板、玻璃棉板等）夹在墙体中间，可现场施工或预制复合板材，并用联合钢筋拉结和进行防锈处理。

①外墙夹芯保温的优点：

a. 可代替加气混凝土砌块作为填充结构，解决加气混凝土砌块在施工中存在的抹灰易空鼓、起壳和裂缝等质量问题。

b. 绝热性能优于内保温技术，达到 50% ～75%。

c. 现场施工或预制，夹芯部分的厚度可调，施工便利。

d. 造价较低。

②外墙夹芯保温的缺点：

a. 由于产生热桥，削弱墙体绝热性能。

b. 墙体较厚，减少有效使用面积。

c. 抗震性能较差。

d. 预制板接缝易发生渗漏。

e. 由于结构两端的温度波动较大，易对墙体结构造成破坏。

3）外墙外保温

外墙外保温要做到"在正确使用和正常维护条件下，使用年限不少于 25 年"，影响其使用寿命的因素很多，包括大气热应力、风压、地震力、水和水蒸气、火以及外来的冲击力等的外界破坏力量。

外保温是将保温体系置于外墙外侧，从而使主体结构所受温差作用大幅度下降，温度变形减小，对结构墙体起到保护作用并可有效隔断冷、热桥，有利于结构寿命的延长。在进行保温层的结构和材料设计时，如果不遵循逐层渐变、柔性释放应力的原则，将会导致保温层耐候能力不够，使用寿命短。

①外墙外保温施工程序：

基层处理→保温隔热层→抗裂保护层→饰面层。

②外墙外保温的优点：

a. 基本上可消除热桥，绝热层效率可达到 85% ~ 95%。

b. 墙面内表面不会发生结露。

c. 不减少使用面积。

d. 既适用于新建房屋，也适用于旧房改造。

e. 室内热舒适度较好，不会对墙体承重结构造成危害。

f. 现场均采用预拌砂浆，施工按比例混合加水即可。

③外墙外保温的缺点：

a. 在冬季或雨季，施工会受到一定限制。

b. 施工要求较高。对耐碱网格布的搭接处理严格，否则易造成开裂；对 EPS 板或 XPS 板施工时，需注意板缝的处理，且需要采取一定的安全措施。

4）外墙内保温、外墙夹芯保温、外墙外保温对比

外墙内保温具有造价低廉、施工方便等优点，但存在着热桥效应，导致保温隔热效果差。由于在室内占用了使用空间，且在室内装修、管线排放、安装空调及其他装饰物时，易遭到破坏而产生裂缝，也不适于既有建筑的节能改造，因而其应用在我国受到了限制。

外墙夹芯保温的优点在于对内侧墙片和保温材料形成了有效的保护；对保温材料的选材要求不高，聚苯乙烯、玻璃棉以及脲醛现场浇注材料等均可使用；对施工季节和施工条件的要求不高，不影响冬季施工。这种保温墙体也存在一些缺点：内、外侧墙之间需有连接件连接，构造复杂；外围护结构的热桥较多，保温材料的效率仍然得不到充分的

发挥；外侧墙片受室外气候影响大，昼夜温差和冬夏温差大，容易造成墙体开裂和雨水渗漏。

外墙外保温虽然工艺比较复杂，不利于施工，造价也相对较高，但由于保温层覆盖住整个外墙面而使其具有一系列优点：保护建筑主体结构、延长建筑寿命；有利于消除和减弱热桥的影响；使墙体潮湿情况得到改善；有利于室温保持稳定；减少墙体所占室内使用面积，方便室内二次装修。外保温不仅适用于新建筑，还可以方便地对旧有建筑物进行节能改造。随着节能标准的提高，前面两种保温方式已经很难达到节能要求，外墙外保温已经成为节能推广的重点。

（三）建筑门窗节能设计

在建筑物的围护结构中，窗户、天窗、阳台门等被称为透明围护结构。透明围护结构的绝热性能差，是影响室内热环境和建筑节能的重要因素。据统计，在冬季供暖条件下，单玻璃窗所损失的热量占供热负荷的 30% ~ 50%，夏季因太阳辐射透过单玻璃窗进入室内而消耗的空调冷量占空调负荷的 20% ~ 30%。夏热冬暖地区冬季一般不采暖，建筑节能的重点是提高夏季室内热环境质量和降低空调能耗，而窗户是隔热的薄弱环节，在建筑物所耗费的全部能量中，至少有三分之一是透过门窗损失的。这些能量的损失大部分都与所使用的玻璃材料有关，随着玻璃材料在建筑物中的应用越来越广泛，玻璃的节能问题也引起了有关部门和相关行业的高度重视，科学地选用玻璃材质对于建筑物的节能有着十分重要的意义。

1. 节能玻璃的类型及特点

全年逐时太阳辐射照度计算是建筑物冬季太阳能利用分析和夏季空调负荷计算的基础，需要指出的是，冬季供暖与夏季空调有所不同。太阳辐射的主要能量集中在 0.2 ~ 2 微米的波长范围内，其中可见光和近红外光区段能量占比很大，建筑玻璃系统必须减少这两个区段的太阳辐射能量进入室内才能实现夏季空调节能。常规意义上的节能玻璃是指夏季遮阳型节能玻璃，主要包括吸热玻璃、热反射玻璃、低辐射玻璃（分遮阳型和透光型两种）以及与普通白玻璃所组成的复合中空玻璃系统，其在可见光和近红外光区段的穿透率、综合性能和光热性能比较分别见图 3 – 1 和表 3 – 1。

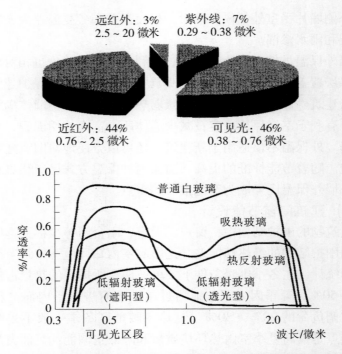

图 3 - 1 可见光和近红外光区段的穿透率、综合性能和光热性能比较图

表 3 - 1 玻璃的综合性能比较

性能	透明玻璃	吸热玻璃	热反射玻璃	低辐射玻璃
可见光穿透率	最高	较低	最低	较高
室内采光性能	最好	不好	不好	较好
遮阳性能	最差	较差	好	好
夏季空调节能	最差	较好	最好	较好
冬季供暖节能	最好	较差	较差	较好

　　玻璃在建筑物中的节能途径主要有两种：①控制太阳光（能）。合理地控制透过玻璃的太阳能以起到很好的节能效果，冬季可以减少采暖的能量消耗，夏季可以减少空调负荷。②减少热传递。玻璃材料的厚度较其他墙体材料薄，传热系数也比较高，容易传递热能。因此，为了提高玻璃的节能性能，需要控制玻璃及其制品的传热系数，隔离建筑物内

外的热传递。

部分节能玻璃的光热参数见表 3 - 2。

表 3 - 2　节能玻璃的光热参数

种类	夏季传热系数 K/ $[W/m^2 \cdot K]$	冬季传热系数 K/ $[W/m^2 \cdot K]$	遮阳系数 Sc
单片玻璃	5.58	6.29	0.99
中空玻璃	2.82	3.13	0.86
吸热中空玻璃	2.82	3.13	0.60
热反射中空玻璃	2.58	3.04	0.40
低辐射中空玻璃	1.77	1.82	0.60

目前，节能玻璃往往是指一些特定的产品，如中空玻璃、热反射玻璃、低辐射玻璃等；或者遵照具体建筑物的设计要求而定，如根据导热系数来确定等。按照上面提到的节能途径和性能参数，通常一些具有节能效果的玻璃产品包括：

（1）吸热玻璃

吸热玻璃是一种能够吸收太阳能的平板玻璃，它是利用玻璃中的金属离子对太阳能进行选择性吸收，同时呈现不同的颜色。

一般使用吸热玻璃后可以将进入室内的太阳热能减少 20% ~ 30%，降低空调负荷。比较常见的是浅绿色玻璃，以及在 20 世纪 90 年代常见的茶色、蓝色玻璃都属于这种类型的吸热玻璃。吸热玻璃的特点是遮蔽系数比较低，太阳能总透射比、太阳光直接透射比、太阳光直接反射比都较低，玻璃的颜色可以随玻璃中的金属离子成分和浓度变化而变化。但其可见光反射比、传热系数、辐射率与普通玻璃差别不大。

（2）热反射玻璃

热反射玻璃是对太阳能具有反射作用的镀膜玻璃。它的表面镀有金属、非金属及氧化物等各种薄膜，这些膜层可对太阳能产生一定的反射效果，从而达到阻挡太阳能进入室内的目的。

热反射玻璃对太阳辐射具有较高的反射能力，反射率可达 20% ~ 40%，甚至更高。在低纬度的炎热地区，夏季可减少室内空调的能源消耗，同时具有较好的遮光性能，使室内光线柔和舒适。此外，这种反射层的镜面效果和色调有利于建筑物的装饰美观。需要说明的是，由于热反射玻璃的装饰效果，20世纪90年代，热反射玻璃得到大量应用，曾引起光污染问题。

热反射玻璃的特点是遮蔽系数比较低，太阳能总透射比、太阳光直接透射比、可见光透射比都较低，太阳光直接反射比、可见光反射比较高，玻璃的颜色可以根据薄膜的成分和厚度不同而发生变化，但其传热系数、辐射率与普通玻璃差别不大。

（3）低辐射玻璃

低辐射玻璃又称低辐射镀膜玻璃或 LOW – E 玻璃，是一种对波长在 4.5 ~ 25 微米范围的远红外线有较高反射比的镀膜玻璃。这种玻璃具有较低的辐射率。

低辐射玻璃对远红外线有较高反射能力，在冬季可以反射室内暖气辐射的红外热能，将热能集中在室内。低辐射玻璃可以反射这些红外线，将其挡在室外。低辐射玻璃的辐射率一般都小于 0.25，而普通玻璃辐射率一般都在 0.8 左右。

低辐射玻璃的特点为辐射率、传热系数比较低。

（4）中空玻璃

中空玻璃是将两片或多片玻璃以有效支撑均匀隔开并对周边粘接密封，使玻璃层间形成有干燥气体空间的制品。中空玻璃的特点是传热系数较低，与普通玻璃相比，其传热系数至少可以降低 40%，是目前最实用的隔热玻璃产品。

中空玻璃可以将多种节能玻璃复合在一起，产生最好的节能效果。从西方工业发达国家节能玻璃的发展过程来看，中空玻璃将成为节能玻璃中的主流产品。

（5）真空玻璃

真空玻璃的结构类似于中空玻璃，二者之间不同的是：真空玻璃的空腔内气体非常稀薄，近乎真空。其隔热原理和热水瓶相似，真空构造隔绝了热传导。

虽结构类似，但真空玻璃的传热系数至少比中空玻璃低 15%。作为一种高效的透明保温材料，真空玻璃将在建筑市场上具有极其广阔的应用前景，但是现在受到生产成本和玻璃板面的限制，仅在一些特殊场合应用。

（6）其他节能途径

普通玻璃还可以通过贴膜以达吸热、热反射、低辐射等效果。由于节能的原理相同，贴膜玻璃的节能效果与同功能的镀膜玻璃类似。目前，由于玻璃贴膜成本较高，价格较高，而且贴膜时也有一些操作要求，在一定程度上限制了贴膜玻璃在建筑上的使用，玻璃贴膜现在主要应用于汽车玻璃的隔热上，建筑上的应用较少，有时用于旧建筑物的节能改造。

常用外窗的热工性能参数见表 3 - 3。

表 3 - 3　常用外窗热工性能参数

玻璃类型	普通铝合金窗		断热铝合金窗		PVC 塑料窗	
	$K/[W/(m^2 \cdot K)]$	Sc	$K/[W/(m^2 \cdot K)]$	Sc	$K/[W/(m^2 \cdot K)]$	Sc
透明玻璃（5～6毫米）	6.0	0.9～0.8	5.5	0.85	4.7	0.8
吸热玻璃	6.0	0.7～0.65	5.5	0.65	4.7	0.65
热反射镀膜玻璃	5.5	0.55～0.25	5.0	0.50～0.25	4.5	0.50～0.25
遮阳型 LOW - E 玻璃	5.0	0.55～0.45	4.5	0.50～0.4	4.5	0.50～0.4
无色透明中空玻璃	4.0	0.75	3.5～3.0	0.7	3.0～2.5	0.7
LOW - E 中空玻璃	3.5	0.55～0.3	3.0～2.0	0.5～0.25	2.5～2.0	0.5～0.25

2. 门窗节能设计

在建筑外围保护结构中，门窗的保温隔热能力较差，门窗缝隙还是冷风渗透的主要渠道。因此，门窗的节能对实现建筑节能非常重要。门窗节能主要从控制窗墙比、改善窗户保温效果和减少空气渗透量三个方面进行。

（1）控制窗墙比

窗墙比指窗户面积与窗户面积加上外墙面积总和之比值，是建筑节能中一个非常重要的指标。窗户的传热系数一般大于同朝向外墙的传热系数，因此采暖的耗热量与制冷的耗能量随窗墙比的增加而增加。如果仅仅从建筑节能的角度来说，窗墙比越小越好，但窗户还需承担通风换气和自然采光的重要功能，过小的窗面积会影响房间的正常采光、通风。因此，应在采光允许的条件下控制窗墙比。但过去很多人误以为窗开得越大，越能提供视觉上的满足感，而英国的心理实验却发现：大多数人对20%的开窗率已大致心满意足，对30%的开窗率已达心理满足感的高峰，30%以上的开窗率对心理满足感则毫无贡献。英国建筑研究所的另一项实验发现，人类对最小开窗面积的要求，只要达到楼地面的6.25%即可。在窗墙比的选择上，还应考虑不同的朝向。对南向窗，为充分利用太阳辐射热，在采取有效措施减少热耗的前提下可适当增加窗的面积；而对其他朝向的窗，应在满足居室采光环境质量要求的条件下适当减少开窗面积以降低热耗。

（2）改善窗户保温效果

改善窗户保温效果指采用节能玻璃、节能型窗框（塑性窗框、隔热铝型框），增加玻璃层数，通过采用遮阳设施（外遮阳、内遮阳）及高遮蔽系数的镶嵌材料来减少太阳辐射量以达到保温节能的目的。增加窗户的玻璃层数，在内外层玻璃之间形成密闭的空气层，可大大改善窗户的保温效能。研究表明，双层窗传热系数比单层窗要低将近一半，三层窗传热系数比双层窗传热系数又降低近1/3。用窗户来遮阳作为南方地区夏季的节能措施，有内外之分，以外遮阳为主，它能直接将80%的太阳辐射热量遮挡在室外，有效地降低空调负荷，节约能源。在进行遮阳设计时，应结合建筑形式，在满足建筑立面设计的前提下，在南向及西向采取一定形式的可调外遮阳措施，如增设外遮阳板、遮阳篷等，根据使用情况进行调节，使其既能满足夏季遮阳要求，又不影响采光及冬季日照要求。

（3）减少空气渗透量

减少空气渗透量是指增加窗的密封性，减少空气的渗透。我国多数门窗，特别是铝合金、钢窗的气密性较差，在风压和热压的作用下，冬季室外冷空气通过门窗缝隙进入室内，从而增加供暖能耗。因此，在门窗的设计与制作上，一方面应提高门窗用型材规格尺寸的准确度、尺寸稳定性和组装的精确度，以增加开启缝隙部位的搭接量，减少开启缝的宽度，达到减少空气渗透的目的；另一方面可加设密封条，提高外窗气密水平。

（四）建筑屋面节能设计

1. 国内外屋面绿化的发展状况

（1）国外发展状况

西方发达国家在 20 世纪 60 年代以后相继建造了各类规模的屋面花园和屋面绿化工程，如美国华盛顿水门饭店屋面花园、英国爱尔兰人寿中心屋面花园等。美国在 20 世纪 80 年代后，由于政府扶持力度的加大以及建造技术的成熟，屋面绿化规模化进程发展迅猛。日本东京明文规定新建建筑占地面积只要超过 1 000 平方米，屋面的 1/5 必须为绿色植物所覆盖，否则开发商就得接受罚款。日本政府鼓励建造屋面花园建筑，从 1999 年开始就对建造屋面花园建筑的业主提供低息贷款，并要求在设计时加大阳台，提供绿化面积。

（2）国内发展状况

我国自 20 世纪 60 年代开始研究屋面花园建构和屋面绿化技术等问题。20 世纪 70 年代，广州东方宾馆建成我国第一个屋面花园，这是我国建造最早且按统一规划设计与建筑物同步建成的屋面花园。1983 年，北京修建了五星级的长城饭店，在主楼的西侧屋面上，建造了我国北方第一座大型露天屋面花园。近十几年来，屋面绿化技术在我国发展迅速，它为提高城市的绿化覆盖率，改善城市生态环境所起的作用，已越来越受到人们的重视。

2004 年，深圳市通过对《屋面绿化课题》的研究和实施，摸索出了一套适合深圳市的屋面绿化新模式，筛选出了不同类型的轻型种植基质，引进屋面绿化植物品质 20 余种，初步筛选出引进自德国并且可大规模种植的黄花景天类植物品质 5 种，形成了 3 ~ 4 套屋面绿化系统，并在仙湖植物园建立了小块示范基地。

上海的屋面绿化面积已超过 2 亿平方米。同时，相关人员还对各类植物材料及其隔热生态效应进行了研究，研究结果表明：在酷暑季节，屋面绿化可使顶层房间的每日室内温度降低 2℃ ~ 4℃，节约空调耗电量 20% ~ 40%；同时可储蓄部分雨水，有效截流约 70% 的天然降水，并在雨后逐步被植物吸收并蒸发到大气中；屋面绿化的植物还可滞留大量空气粉尘，1 000平方米的屋面绿地年滞留粉尘 160 ~ 220 千克，可降低大气中约 25% 的含尘量。

有关学者通过航拍、卫星及人工测量等综合手段，计算出北京市可绿化的屋面面积为 6 900 万平方米，2006 年北京市累计完成 60 多万平方米的屋面绿化，主要植被以佛甲草为主。

广东珠三角地区由于地处夏热冬暖地区，夏季炎热、冬季温暖、全年雨量充沛，适合进行屋面绿化的植物种类较北方地区多，植被生长及成活率均很高，特别适合屋面绿化。

2. 一般屋面绿化的构造

屋面绿化根据区域功能划分，可以分为种植区、园路区、水池区、人员活动区等，这里主要对种植区的构造进行分析。

绿化屋面种植区的构造主要由保护层、排（蓄）水层、过滤层、基质层、植被层组成。其基本构造及特征如图 3 - 2 和表 3 - 4 所示。

表 3 - 4　绿化屋面种植区的构造及其特征

构造层	形式或组成	作用或功能	常用材料
保护层	包括防水层和防根层	防水；防止植物根系穿透	合金、橡胶、PE（聚乙烯）、HDPE（高密度聚乙烯）等
排（蓄）水层	排（蓄）水板；陶砾（荷载允许时采用）；排水管（屋面坡度大时使用）	改善基质通气状况；迅速排除多余水分；有效缓解瞬时压力；蓄存少量水分	沙砾、碎石、珍珠岩、陶粒、膨胀的页岩、建筑物拆除的混凝土、砖砌体或砖瓦、膨化旧玻璃的泡沫玻璃、塑料等
过滤层	HDPE	阻止基质进入排水层；排水供能；防止排水管泥沙淤积	聚酯纤维无纺布、粗纱（50 毫米厚）、玻璃纤维布、稻草（30 毫米厚）

（续上表）

构造层	形式或组成	作用或功能	常用材料
基质层	满足植物生长条件，有一定的保水保肥能力；透气性好，有一定的化学缓冲能力；能保持良好的水、气和养分比例；重量轻，理想基质的表观密度为 0.1 ~ 0.8 吨/立方米，最好为 0.5 吨/立方米		由田园土、蛭石、珍珠岩、泥炭、堆肥以及加工的建筑废弃物如旧砖等组成；超轻量基质由表面覆盖层、栽植育成层和排水保水层组成
植被层	景天类：八宝、胭脂红、六棱、光亮假、反曲、佛甲草等；灌木类：绣球菊、凤尾兰、紫叶等；苔藓类		

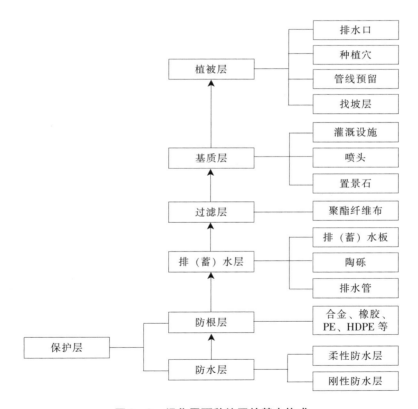

图 3-2　绿化屋面种植区的基本构成

3. 屋面绿化设计的基本要求

屋面园林景观融建筑技术和绿化美化为一体，突出意境美。其重要手段是巧妙利用主体建筑物的屋面、平台、阳台、窗台和墙面等开辟园林场地，充分利用园林植物、微地形、水体和园林小品等造园因素，采用借景、组景、点景、障景等造园技法，创造出不同使用功能和性质的屋面园林绿化景观。屋面园林绿化设计在坚持经济实用、安全科学、精致美观、注意系统性等基本原则下，一般以树木、花卉为风景主题，配以假山、水池、亭、廊，各类树木、花卉、草坪等所占的比例应在50%～70%。常用植物造景形式的设计有以下四种。

（1）乔灌木的丛植与孤植

孤植植株较小的观赏乔木及灌木、藤木，不仅是园林艺术的骨架，而且是改善大气环境质量的主角。所以，乔灌木应是屋面园林中的主体，其种植形式以丛植、孤植为主，与大地园林讲究"亭台花木，不为行列"而突出群体美不同。丛植就是将多种乔灌木种在一起，通过树种不同及高矮错落的搭配，利用其形态和季相变化，形成变化丰富的造型，表达某一意境，如玉兰与紫薇的丛植等。孤植则是将观赏性较好、姿态优美、花期较长且花色俱佳的小乔木，如海棠、蜡梅等，单独种植在人们视线集中的地方。

（2）花台

花台设计适用于有微地形变化的自由种植区。花台形式可采用方形、圆形、长方形、菱形、梅花形等，可用单独或连续带状，也可用成群组合类型。所用花草要经常保持鲜艳的色彩与整齐的轮廓。多选用植株低矮、株形紧凑、开花繁茂、色系丰富、花期较长的种类，如报春花、三色草、百日草、一串红、万寿菊、风信子、矮牵牛等。将花卉栽植于高出屋面平面的台座上，即为花台，花台类似花坛但面积较小；也可将花台布置成盆景式，常以松、竹、梅、杜鹃、牡丹等为主，并配以山石小草。

（3）巧设花境及草坪，以树丛、绿篱、矮墙或建筑小品做背景的带状自然式花卉配置

花境的边缘根据屋面环境和地段的不同，可采用自然曲线，也可采用直线，而各种花卉的配置是自然混交。草坪种植不宜单独成景，而是

以见缝插"绿"或铺设在丛植、孤植乔灌木的屋面的方式形成生物地毯，起到点缀作用。

（4）注意配景

除在主景外采用花盆、花桶等，点线地分散组成绿化区域或沿建筑物屋面周边布景，增加气氛和景观外，应在曲径、草地边和较高的植株下，摆放 1 ~ 2 块形状特异的石头等，以体现刚柔相济的内涵，达到丰富园林景观的效果。

4. 屋面绿化的施工

（1）施工步骤

包括：屋面荷载验算；屋面清扫；屋面的防水检测；保护层的敷设与检测；排（蓄）水层的敷设；过滤层的敷设；基质层的运输和铺设；园路的敷设；植被层的种植；防风系统的设置。

（2）施工要求及要点

1）屋面结构层

屋面结构层应根据种植植物的种类和荷载进行设计与施工。一般应采用强度等级不低于 C20 和抗渗等级不小于 S6 的现浇钢筋混凝土做屋面的结构层。当采用预制的钢筋混凝土板时，应用强度等级不低于 C20 的细石混凝土将板缝灌填密实；在板缝宽度大于 40 毫米或上窄下宽时，应在板缝中放置构造钢筋后再灌填细石混凝土，以提高结构的整体刚度，并应在板端缝处嵌填密封材料以封闭严密。

2）找坡层

为便于及时清除种植屋面的积水，确保植物正常生长，屋面宜采用结构找坡。当不能采用结构找坡而需用材料找坡时，应选用有一定强度的轻质材料（如陶砾、加气混凝土、泡沫玻璃等）做找坡层，其坡度宜为 1% ~ 3%。在寒冷地区还可加厚找坡层，使其同时起到保温层的作用。根据工程需要，还可在找坡层之上采用有一定强度、导热系数小和吸水率低的保温材料另设一道保温层。

3）找平层

为便于铺设卷材或涂膜防水层，在找坡层或保温层上应做水泥砂浆找平层。找平层应压实平整，待找平层收水后，尚应进行二次压光和充分保湿养护。找平层不得有酥松、起砂、起皮和空鼓等现象。

4）卷材或涂膜防水层

为确保防水工程的质量，应采用具有耐水、耐腐蚀、耐霉烂和对基层伸缩或开裂变形适应性强的卷材（如聚酯胎高聚物改性沥青防水卷材、合成高分子防水卷材等）或涂料（如双组分或单组分聚氨酯防水涂料等）做柔性防水层。当采用卷材做防水层时，根据国家标准《屋面工程技术规范》（GB 50345—2012）和《屋面工程质量验收规范》（GB 50207—2012）的规定，应优先选用空铺法、点粘法或条粘法进行铺设，但卷材的接缝以及卷材防水层的周边应满粘，并组合成为一个接缝黏结牢固、封闭严密的整体防水系统。

种植屋面的四周应砌筑挡墙，柔性防水层应连续铺设至挡墙的上部。挡墙下部留置的泄水孔位置应准确，并应做好防水密封处理；泄水孔应与水落口连通，不得有堵塞现象，以便及时排除种植屋面的积水。

5）耐根系穿刺防水层

在种植屋面中，必须在一般的卷材或涂膜防水层之上，空铺或点粘一种具有足够耐根系穿刺功能的材料作为耐根系穿刺的防水层，如高密度聚乙烯（HDPE）土工膜、低密度聚乙烯（LDPE）土工膜、热塑性聚烯烃（TPO）卷材、聚氯乙烯（PVC）卷材或铅合金（PSS）卷材等，这些材料主要技术性能应符合表 3 – 5 的要求。

表 3 – 5　各种耐根系穿刺材料的主要技术性能

材料	拉伸强度/MPa	断裂伸长率/%	直角撕裂强度/（N/mm）	剪切状态下的焊接性/（N/mm）	抗穿孔性	低温冲击脆化性能/℃
HDPE 土工膜	≥25	≥550	≥110	≥5 或焊缝外断裂不渗水	不渗水	– 70
LDPE 土工膜	≥4	≥400	≥50	≥3 或焊缝外断裂不渗水	不渗水	– 70
PVC 卷材	≥12	≥250	—	≥3 或焊缝外断裂不渗水	不渗水	– 25
TPO 卷材	≥25	≥600	≥300	≥5 或焊缝外断裂不渗水	不渗水	– 40
PSS 卷材	≥20	≥30	—	≥5 或焊缝外断裂不渗水	不渗水	– 30

为避免植物根系穿透材料的接缝部位，要求耐根系防水层的接缝均采用焊接法施工，并须使接缝焊接牢固、封闭严密。对热塑性材料采用单缝焊接时，搭接宽度为 60 毫米，其有效焊接宽度不应小于 25 毫米；采用双缝焊接时，搭接宽度为 80 毫米，其有效焊接宽度为 10 毫米 ×

2 + 空腔宽度；铅合金卷材的接缝，应采用专用的焊条和工具进行焊接。上述材料接缝在剪切状态下的焊接性能，均应符合表 3 - 5 的要求。防水层施工完成后，应进行蓄水 24 小时检验，经检验确无渗漏后，应尽快铺设排水层、隔离过滤层、种植介质层，并确保在进行上述施工中不损坏防水层，以免留下渗漏隐患。

6）排水层

在耐根系穿刺防水层之上，应设置排水层，排水层应根据种植介质层的厚度和植物种类分别选用具有不同承载能力的塑料排水板、橡胶排水板或卵石等材料。当在地下车库、地下室或地下管廊的顶板上种植乔木等高大植物时，种植介质层的厚度一般在 1 000 毫米以上，同时宜选用粒径为 30 ~ 60 毫米、厚度为 80 毫米以上的卵石或专用的橡胶排水板做排水层；当在中、高层建筑的屋面种植草坪或灌木时，种植介质层的厚度为 200 ~ 600 毫米，同时宜选用专用的塑料排水板或橡胶排水板做排水层。排水层的作用是将通过过滤层的水，从排水层的空隙汇集到泄水孔以排出去。

7）隔离过滤层

于排水层之上，应铺设单位面积质量不低于 250 克/平方米的聚酯纤维或聚丙烯纤维土工布等材料做隔离过滤层，其目的是将种植介质层中因下雨或浇水后多余的水及时通过过滤后排出，以防止因积水而导致植物烂根和枯萎，同时可将种植介质材料保留下来，避免发生流失。

8）介质层

种植介质是屋面种植的植物赖以生长的土壤层。要求所选用的种植介质具有自重轻、不板结、保水保肥、适宜植物培育生长、施工简便和经济、环保等性能。一般可选用种植土、草炭、膨胀蛭石、膨胀珍珠岩、细砂和经过发酵处理的动物粪便等材料，按一定的比例混合配制而成。其中，草炭和发酵后的动物粪便可为植物生长提供有机质、腐殖酸和缓效的基肥；膨胀蛭石和膨胀珍珠岩不但可以减小种植介质的堆积密度，而且还有利于保水、透气，防植物烂根，促进植物生长。这些材料还能及时补充植物生长所需的铁、镁、钾等元素，也是种植介质酸碱值的缓冲剂，只有 10 ~ 40 毫米厚，质量很轻，每平方米售价不超过 30元，是目前建设部批准的科技成果推广项目，比较适合在屋面绿化无土栽培中使用。

9）设溢洪口

一个完善的排水系统，除天沟外还应该设置出水口、排水管道等。大型屋面花园则要考虑设溢洪口，以防百年一遇的特大暴风雨。

（五）建筑屋面类型及隔热措施

1. 既有建筑屋面的构造模式

建筑屋面的隔热保温问题由来已久。利用各种自然蒸发冷却技术实现建筑屋面的隔热降温一直是建筑节能领域工作者追求的目标，如在屋面采用淋水、蓄水、加隔热层、遮阳或种植植被等方法实现屋面隔热，降低屋面温度，改善室内环境等。现代建筑屋面基本构造模式的发展历程则反映了人们在这一领域的追求，详见图 3-3。

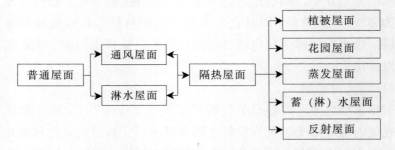

图 3-3 屋面隔热构造基本模式的发展历程

2. 隔热设计标准对屋面隔热的要求

根据《民用建筑热工设计规范》（GB 50176—2016）的规定，房间在自然通风的情况下，建筑物的屋顶和东、西外墙的内表面最高温度应不超过夏季室外计算温度的最高值。

目前，围护结构隔热设计采用上述标准的原因在于，内表面温度的高低直接反映了围护结构的隔热性能；同时，内表面温度直接与室内平均辐射温度相联系，即直接关系到内表面与室内人体的辐射换热，控制内表面最高温度，实际上就控制了围护结构对人体辐射的最大值；而且这个标准既符合当前的实际情况又便于应用。但是，由于各地的室外计算温度最高值有所不同，所能达到的热舒适水平并不完全一致，不过都处于人们可接受的范围内。

3. 常见屋面隔热措施

建筑屋面是建筑节能的薄弱环节，结合不同建筑结构形式，常采用以下几种屋面隔热形式组合，以期达到节能目的。

（1）采用浅色外饰面，减小当量温度

这种措施简便适用，所增荷载小，无论是新建房屋，还是改建的屋顶都适用。

（2）增大热阻与热惰性

常在承重层与防水层之间增设一层实体轻质材料，如炉渣混凝土、泡沫混凝土等，以增大屋顶的热阻与热惰性。如屋顶采用构造找坡，也可利用找坡层材料，但其厚度应按热工设计确定。这种隔热构造方式的特点在于，它不仅具有隔热的性能，在冬季也能起到保温作用，特别适合夏热冬冷地区。若用于办公、学校等以白天使用为主的建筑则最为理想，同时也可用于空调建筑。

（3）通风隔热屋顶

利用屋顶内部通风带走面层传下的热量，达到隔热的目的。这种屋顶的构造方式较普遍，既可用于平屋顶，也可用于坡屋顶；既可在屋面防水层之上组织通风，也可在防水层之下组织通风。

通风屋顶起源于南方沿海地区民间的双层瓦屋顶，在平屋顶房屋中，以大阶砖通风屋顶最为流行，详见图3-4。当室外综合温度将热量传给间层的上层板面时，上层将所接受的热量向下传递，在间层中借助于空气的流动带走部分热量，余下部分热量传入下层。

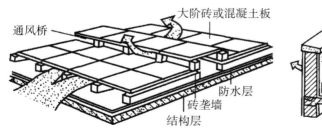 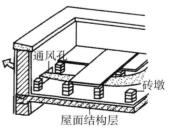

（a）架空隔热小板与通风桥　　　（b）架空隔热小板与通风孔

图3-4　大阶砖通风屋顶示意图

无论白天还是夜晚，都会因陆地与海面的气温差而形成气流，间层内通风流畅，作用很大。坡屋顶采用通风隔热，如进、排气口有一定高差，对间层通风更为有利。加之夏季太阳辐射强烈，而气温却不是很高，日间又常有阵雨，黏土瓦和大阶砖吸水率较大，水的蒸发又消耗了不少热量。这些因素综合起来，这种屋顶隔热方式具有良好的效果，很受人们欢迎。

（4）蓄水隔热屋顶

利用水隔热的屋顶有蓄水屋顶、淋水屋顶和喷水屋顶等不同形式。

屋顶蓄水之后具有以下优点：①屋顶内、外表面温度大幅度下降；②大大减少了屋顶的传热量；③蓄水深度增加，内表面温度最大值下降增多。蓄水屋顶的隔热效果是显著的，但这种屋顶也存在一些严重的缺陷。

第一，在夜间，屋顶蓄水后的外表面温度始终高于无水屋面，不但不能利用屋顶散热，相反，它仍继续向室内传热。这对夜间使用的住宅和某些公共建筑是十分不利的。第二，屋顶蓄水池增大了屋顶静荷载，倘若蓄水深度增加，荷载将更大，这对于下部结构和抗震性能都不利；第三，屋面所蓄的水，日夜都在蒸发，蒸发速度取决于室外空气的湿度、风速和太阳辐射大小。不论蒸发速度或大或小，必然要补充水，而且一年四季都不能没有水。如果依靠城市供水做水源，无疑会加重市政建设的负担，并且因水资源的限制可能导致许多城市难以满足要求。

在夏热冬暖地区采用蓄水屋顶，不宜用浅色饰面处理的屋顶。至于淋水屋顶与喷水屋顶，因耗水量大及难以管理等原因，近些年已很少应用。

（5）种植隔热屋顶

在屋顶上种植植物，利用植物的光合作用，将热能转化为生化能；利用植物叶面的蒸腾作用增加蒸发散热量，均可大大降低屋顶的室外综合温度；同时，利用植物培植基质材料的热阻与热惰性，降低内表面平均温度与湿度振幅，达到隔热的目的。

种植屋顶有带土种植与无土种植两种类型。带土种植是以土为培植基质，是民间的一种传统做法。但土壤的密度大，常使屋面荷载增大，而且土的保水性差，若补水不足，会使所种植物因干旱而枯萎，现已较少采用。无土种植是以膨胀蛭石做培植基质，它是一种密度小、保水性强、不腐烂、无异味的矿物材料。据调查，屋顶可种植物品种多样，如花卉、苗木、蔬菜、水果。因为是在屋顶上栽培，宜选用浅根植物，并应妥善解决栽培中的水、肥等问题；而且不应对屋顶基层尤其是钢筋混凝土承重层产生有害影响，注意环境保护。

综上所述，无土种植草被屋顶的适用面广，特别适合夏热冬冷地区的城镇建筑，加之其具有环境保护的综合效应，社会效益也优于其他类型的屋顶。

三、　充分利用可再生能源

可再生能源是指可以再生的能源的总称，包括太阳能、水能、生物质能、氢能、风能、地热能、波浪能以及海洋表面与深层之间的热循环等。可再生能源的利用对节约传统能源起着非常重要的作用，在绿色建筑中使用太阳能等非常规、可再生并且绿色无污染的能源已成为发展的趋势。目前，在国内建筑领域中应用较广的可再生能源是太阳能、地热能与风能。

（一）充分利用太阳能

太阳能应用于建筑中主要包括太阳能的光热利用和光电利用两方面。太阳能光热利用系统主要包括太阳能热水器、被动式太阳房、太阳能空调、太阳能干燥器、太阳能热动力系统、太阳能热力发电、太阳灶等。太阳能光电利用主要包括光伏发电和自然采光。目前，利用太阳能的主要方式有三种：第一，被动式太阳能热水系统。利用太阳能集热器或真空管吸收太阳辐射热为用户提供生活热水，此系统结构简单、经济适用，在我国得到了广泛的运用。第二，主动式太阳能采暖系统。指在外能源启动下，借助集热器、蓄热器、管道、风机及泵等设备来收集、蓄存转换和输配太阳能，提供生活热水或居室供暖，通过系统中的各部分均可控制以达到需要的温度，因而在居室采暖方面具有更大的选择性。第三，太阳能光伏发电系统。是利用太阳能光伏电池板吸收太阳能，将太阳能转化为电能，提供室内设备用电或接入市政电网送电。

1. 我国的太阳能资源

（1）我国太阳能年辐射总量

我国不同太阳能资源区内的太阳能年辐射总量如表3-6所示。

表3-6　我国不同太阳能资源区内的太阳能年辐射总量

太阳能资源区	年日照时数/h	年辐射总数/（MJ/m²）	主要地区
一类地区（丰富区）	3 200～3 300	6 590～8 360	宁夏、甘肃北部、新疆东南部、青海、西藏西部
二类地区（较丰富区）	3 000～3 200	5 852～6 690	河北、山西北部、内蒙古、宁夏南部、甘肃中部、青海东部、西藏东南部、新疆南部
三类地区（中等区）	2 200～3 000	5 016～5 852	山东、河南、河北东南部、山西南部、新疆北部、陕西北部、甘肃东南部、广东、福建南部、江苏、安徽北部、辽宁、云南
四类地区（较差区）	1 400～2 200	1 180～5 016	湖南、湖北、广西、江西、浙江、福建、广东北部、陕西、江苏、安徽南部、黑龙江
五类地区（最差区）	1 000～1 400	3 344～4 180	

（2）太阳能集热器

四种太阳能集热器如图3-5至图3-8所示。

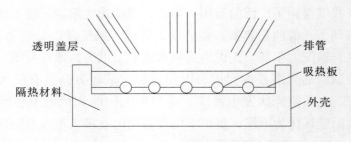

图3-5　平板型太阳能集热器的基本结构

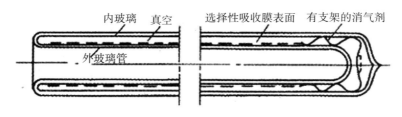

图 3-6　全玻璃真空太阳能集热管

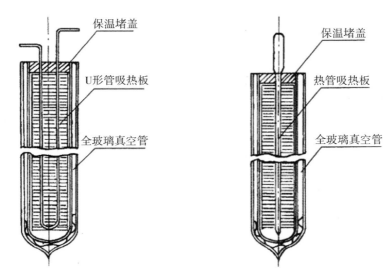

图 3-7　金属—玻璃结构真空管太阳能集热器　图 3-8　热管式真空管太阳能集热器

2. 国内外太阳能应用模式

从目前国内外发展情况来看，太阳能在建筑中的应用模式主要有以下三种：

（1）主动式太阳能建筑

这是一种需要用电作为辅助能源的建筑。它通过高效集热装置来收集获取太阳能，然后由热媒将热量送入建筑物内。这类建筑的采暖降温系统由太阳集热器、风机、泵、散热器及储热器等组成，可以用空气、水等作为热媒。

根据热媒的不同可分为：①热风集热式供热系统。即在屋顶装置太阳空气集热器，被加热的空气通过储热层后由风机送入房间；②热水集热式地板辐射采暖兼生活热水供应系统。该系统由集热循环水泵、辅助蓄热水箱、供热水箱、采暖循环水泵、辅助热源、地板辐射采暖盘管等组成。热媒水通过盘管向房间散出热量后，再返回蓄热水箱，由集热泵送到太阳集热器重新加热。另外，主动式太阳能建筑还包括太阳能空调系统，太阳能热泵供冷、供暖系统，地下蓄热式供冷暖系统等形式。

主动式太阳能建筑的优点在于其对太阳能的利用效率高，不仅可以供暖、供热水，还可以供冷，而且能维持室内温度稳定舒适，波动小。缺点则是构造复杂，造价较高。

（2）零能耗一体化建筑

这种建筑是指建筑物所需的全部能源供应均来自太阳能，常规能源消耗为零。这种房屋向阳的墙面、屋面等均设置太阳能电池板或者光热集热装置，并与建筑物电网并网，和建筑物冷热源供应系统集成。产生的电能及热能除满足用户的照明、电器等需要外，还可以作为建筑供暖、空调供电及供热需求。由于目前太阳能电池价格较高，普及推广零能建筑还有一定的困难。

（3）被动式太阳能建筑

这种建筑是通过方位的合理布置和建筑构件的恰当处理，以自然热交换的方式获得太阳能。这种建筑构造简单、造价低，不需要任何辅助能源。自20世纪70年代以来，在相当长的时间里，它成为太阳能建筑发展的主流。按采集太阳能方式的不同，被动式太阳能建筑又可分为以下四种形式。

①直接受益式。阳光通过较大面积的南向玻璃窗，直接照射至室内的地面、墙壁和家具上，使其吸收大部分热量，因而温度升高。建筑物所吸收的太阳能，一部分以辐射、对流的方式在室内空间传递，一部分导入蓄热体内，然后逐渐释放出热量，使房间在夜晚和阴天也能保持一定温度。

②蓄热墙式。这种太阳能建筑主要利用南向垂直集热蓄热墙吸收穿过玻璃采光面的阳光，通过导热、对流及辐射，把热量送至室内。墙的外表面应涂成黑色或深色，以便有效吸收阳光。

③屋顶池式。这种形式适合于冬冷夏热地区，兼有冬季采暖、夏季降温两种功能。它用装满水的密封塑料袋作为储热体，置于屋顶顶棚之

上，其上设有可水平推拉开闭的保温盖板。冬季白天把保温盖板敞开，让水袋充分吸收太阳辐射热，水袋所储热量通过辐射和对流传至下面房间；夜晚则关闭保温盖板，阻止热损失。夏季使用情况则正好与冬季相反。

④附加阳光间式。阳光间建在房屋向阳侧，其围护结构全部或部分由玻璃等透光材料构成，它与房间的公共墙上开有门、窗。当太阳辐射热透过附加阳光间的玻璃照射到墙面上时，墙面吸收热能，温度升高，并通过对流方式将热量传给阳光间内的空气，使之温度升高，体积膨胀，空气密度变小，由上部开口进入室内。这时，阳光间内空气静压值逐渐降低，室内的低温空气便由下部开口流进阳光间，当下部开口的进气量与上部开口的排气量达到平衡时，阳光间内空气静压力达到稳定。这样一来，进入阳光间的冷空气不断被加热、变轻，由上部开口流出，形成循环。通过这种不断循环流动的空气，室内热环境得以改善。

3. 国内外太阳能应用于建筑的新进展

（1）隔热屏

西班牙某公司所研究的隔热屏新技术，即隔热屏从太阳收集热能，并将其贮存（可贮存相当长的时间），然后根据不同地区建筑物内的舒适度要求将其在整个建筑物内重新分配。天气炎热时，隔热屏将使人感觉极为不适的多余热量收集起来，使室内保持适宜的温度。在新鲜空气和液体通过建筑物周围专门设计的空心板循环进行降温的同时，隔热屏将把这部分热量带走。

隔热屏具有一条双气/液可逆管路，用于热/冷传导。它采用的液体称为生态液，是一种专用液体化学制剂，它不透红外辐射（热介质）而可透过紫外线，即光介质。生态液在板内循环，可以调节室内温度，又可以提高太阳能转换率，进而提高系统的效率。

（2）太阳能与自然通风的融合

太阳能绿色建筑复合通风结构是将太阳能空气集热器与建筑围护结构有机结合，从而使建筑围护结构与通风、被动式采暖以及被动式冷却相结合，在改善室内热环境方面起到积极的作用。其工作原理是：利用太阳辐射能量产生热压，诱导空气流动，将热能转化为空气运动的动能。在太阳辐射的作用下，将会诱导热压作用下的自然通风，从而实现房间的被动式采暖与降温。

太阳能通风结构的主要形式包括两种：太阳能集热墙（见图 3 - 9）、太阳能空气加热器与室内自然通风的融合模式（见图 3 - 10）。

通常情况下，太阳能采暖均以玻璃作为集热器，实墙、石床、水体、相变材料等作为蓄热体，利用合理、巧妙的建筑设计手法创造适宜的室内空间和环境。太阳墙则是太阳能热利用中的一种新型采暖技术。

太阳墙系统原则上属于被动式太阳能采暖系统，由集热和气流输送两部分系统组成。钢制或铝制的深色太阳墙板材覆于建筑南向或东西外墙的外侧，板上开有小孔，与墙体的间距由计算决定，一般在 200 毫米左右，形成的空腔与建筑内部通风系统的管道相连，管道中设有风机，用于抽取空腔内的空气。

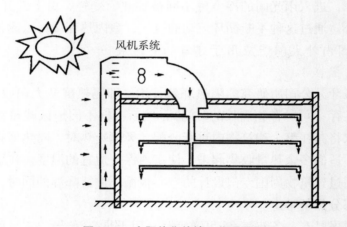

图 3 - 9　太阳能集热墙工作原理图

图 3 - 10 是太阳能空气加热器与室内自然通风的融合模式，它是利用太阳能进行采暖的空调节能环保型生态建筑，冬天取暖，夏天降温。冬季，白天室外空气通过小孔进入空腔，在流动过程中获得板材吸收的太阳辐射热，受热压作用上升，进入建筑物的通风系统，然后由管道分配输送到各层空间。板材底部不密封，保持太阳墙内腔的干燥，同时起到排水作用。夜晚，墙体向外散失的热量被空腔内的空气吸收，在风扇运转的情况下被重新带回室内。这样既保持了新风量，又补充了热量，使墙体起到了热交换器的作用。夏季，风扇停止运转，室外热空气可从

太阳墙板底部及孔洞进入，从上部和周围的孔洞流出，热量不会进入室内。

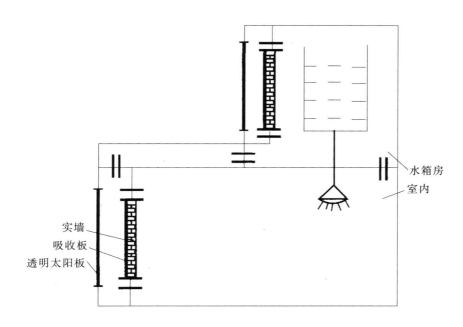

图 3 - 10　太阳能空气加热器与室内自然通风的融合模式

（3）阳光入室装置

阳光入室产品的主要功能就是将阳光中的可见光同红外线和紫外线分离后，可见光高效率地传输到室内并用作照明。分离后的红外线可以利用转换装置转化为电能或热能，进入室内光的光谱主要分布在 500～1 000 纳米区间。滤除红外线，可以使进入室内的光不含热能，不会提高室内温度；之所以保留部分紫外线，是由于适量的紫外线是人体所必需的。通过对光谱的控制，使进入室内的光柔和、舒适，适合办公以及居住。

阳光入室装置有两个优点；一是省电。根据美国 2000 年的官方统计计算：美国一天用于照明的电力费用为 0.1 亿美元，占整个电力消耗的 25%，其中 40% 的消耗是在外界阳光非常充沛的时候，也就是说，当外界阳光普照的时候，美国人每天还要花费 400 万美元在室内采用人造光源照明。采用阳光入室装量，在年日照时间 2 600 小时的地区可以节省 70% 的日间照明费用。以美国为例，如果所有建筑都采用日光进行日间照明，则每天可节省能源费用 280 万美元。二是对人体的健康有益。众所周知，阳光对于人体健康是非常重要的，它可以促进人体钙质吸收、提高人体免疫机能、杀灭室内有害细菌、促进人体新陈代谢，适当地接触阳光，还可以延缓人体老化，这些都是任何人造光源所不能替代的。另外，现代医学研究表明，在采用自然光照明的办公环境中工作，劳动效率较在使用人造光源的办公室中提高 15% ~20%。

以太阳能为主要热源加热水，并将太阳能集热器与储水箱分开，通过工质强制循环，把太阳能集热器吸收的太阳能传输到储水箱，且得到热水的系统，都称为分体式太阳能热水系统。

近几年的太阳能热水器主要朝分体式太阳能集热系统发展，主要因为其具有以下优点：易于与建筑结合，美观；承压运行，稳定性好；储水量大；供能齐全。

4. 太阳能光热利用分析及发展思路

（1）太阳能光热利用分析

对于太阳能光热利用的环境效益，主要体现在其代替常规一次能源后所减少的大气污染物排放量。每平方米太阳能热水器每年可减排二氧化碳约 233.05 千克，二氧化硫约 3.3 千克，二氧化氮约 1.5 千克，烟尘约 2.55 千克，那么 10 000 平方米的太阳能热水器每年可实现的减排量见表 3 –7。

表 3 – 7　太阳能热水器每年的环境污染物减排量

污染物	二氧化碳	二氧化硫	二氧化氮	烟尘
减排量 $[kg/(m^2 \cdot a)]$	233.05	3.3	1.5	2.55
10 000 平方米减排量 (t/a)	2 331.0	33.0	15.0	25.5

从上表可知，使用太阳能热水器不仅具有较好的经济效益，还具有巨大的环境和社会效益，对实现节能减排和可持续发展具有重要的示范意义。

（2）发展思路

国家住宅与居住环境工程技术研究中心副主任、中国可再生能源学会太阳能建筑专业委员会秘书长张磊指出，太阳能建筑设计中的太阳能热水系统整合技术原则包括：节能原则、使用原则、适配性原则、安全性原则。具体指优先、充分利用太阳能的节能原则，提供稳定热水供应的使用性原则，设备、部件安装和接口的适配性原则，安全可靠、维修方便的安全性原则。提出的这四个原则基本上指出了太阳能热利用的基本方向。

综合技术、经济和环境保护等因素，发展太阳能与建筑热利用的一体化原则应坚持：节能原则、经济原则、安全原则、适宜原则、实用原则。其中，经济原则是指发展太阳能与建筑一体化的利用装置要充分考虑系统的经济性，不要过大增加建筑的投资成本，以避免由于经济原因而形成技术推广的障碍。适宜原则是指应结合当地的技术经济条件、建筑技术水平、资源分布状况等因素综合考虑应用技术模式，适宜的才是最好的。

太阳能建筑发展的目标是综合利用太阳能，满足建筑物在使用功能和环境功能方面的能源供应需求，以降低建筑能耗占总能耗的比例。同时，进一步考虑太阳能与地热能、风能、生物质能以及自然界中低温热能等复合能源的利用结合，并进行系统的优化配置，以满足建筑的能源供应和健康环境的需求。

未来太阳能建筑发展的基本策略是：①成熟的被动太阳能技术与现代太阳能光伏光热技术的综合。②保温隔热的围护结构技术与自然通风采光遮阳技术的有机结合。③传统建筑与现代技术和理念的融合。④建筑的初投资与生命周期内投资的平衡。⑤生态驱动设计向建筑设计的渗透。⑥综合考虑区域气候特征、经济发达程度、建筑特征及人们生活习惯等相关因素。

从以上分析可得：对于太阳能利用，主要以太阳能与建筑的光热一体化装置为主，技术力求实用简单，不影响建筑的功能，强调系统的经济性、适宜性和实用性等。

结合以上分析提出如下研究思路：①强调因地制宜，结合本地资源、气候、经济、技术等特点研制出适合建筑实际的太阳能墙和太阳能窗的构造模式。②强调技术的组合创新应用，结合自然通风的利用和采光的需求，提出集采光、集热、集自然通风为一体的构造模式以及屋顶太阳能隔热和热利用的基本应用模式。③强调经济性原则，技术应用不宜过分加大建筑投资成本，技术以实用为主，不以追求高新技术为出发点。④强调复合能源的组合应用，发挥各类可再生能源的优势和特点，做到能源利用"温度对口、梯级利用"的用能基本原则。⑤太阳能热利用装置应和建筑遮阳隔热紧密结合，充分利用太阳能装置实现建筑遮阳隔热，强调隔热遮阳与热利用的组合创新模式。

（二）地热能利用

1. 地热能利用方式

地热能的利用方式，目前主要是采用地源热泵系统加以利用。地源热泵系统的工作原理主要是通过工作介质流过埋设在土壤或地下水、地表水（含污水、海水等）中的一种传热效果较好的管材，来吸取土壤或水中的热量（制热时）及排出热量（制冷时）到土壤中或水中。与空气源热泵相比，它的优点是出力稳定，效率高，且没有除霜问题，可大大降低运行费用。下面主要介绍地源热泵系统的特点及其应用。

2. 地源热泵系统的特点

（1）优势

第一，属可再生能源利用技术，生态环境效益显著。地源热泵的污染物排放，与电供暖相比减少了 70% 以上，如结合其他节能措施，节能减排效果会更明显。

第二，运行效率高，维护费用低。由于地能或地表浅层地热资源的温度相对稳定，这种温度特性使地源热泵系统比传统空调系统的运行效率要高 40%，运行费用可节约 30% ~ 40%。地源热泵系统运动部件比传统空调系统少，安装在室内，可减少维护费用。

第三，一机多用，应用广泛，使用寿命长。地源热泵系统可供暖、制冷，还可供生活热水，一机多用，一套系统可以替换原来的锅炉加空调的两套装置或系统，寿命长，平均可运行 20 年以上。可应用于宾馆、商场、办公楼、学校等建筑。

第四，节省空间。地源热泵的换热器埋在地下，可环绕建筑物布置；可布置在花园、草坪、农田下面或湖泊、水池内；也可布置在土壤、岩石或地下水层内；还可在混凝土基础桩内埋管，不占用地表面积。

第五，应用市场广泛，适用性强。我国绝大多数地域夏热冬冷，对建筑的采暖用热和空调用冷均可以统一用地源热泵系统，既解决了采暖问题又解决了空调问题，一举两得。建筑能耗所占能源消耗比例越来越大，发达国家比例达到40%～45%，我国已达到35%。而建筑能耗可以利用温度较低的低品质能量，因此，将地源热泵系统在建筑采暖空调领域中利用可以说既经济又合理。

总之，所有地源热泵系统都有着突出的技术优点：高效节能、低污染。地源热泵系统在冬季供暖时，不需要锅炉或增加辅助加热器，没有氮氧化物、二氧化硫和烟尘的排放，因而无污染。由于是分散供暖，大大提高了城市能源的安全性。运行和维护费用低，简单的系统组成使得地源热泵系统无须专人看管，也无须经常维护。控制设备简单，运行灵活，系统可靠性强。节省占地空间，没有冷却塔和其他室外设备，且改善了建筑物的外部形象。使用寿命较长，通常机组寿命均在15年以上。供暖空调的同时，也可提供生活热水。

（2）存在问题

尽管地源热泵是一种高效节能的环保技术，但在工程建设中仍然面临诸多问题，具体如下：

一是暖通空调技术与其他技术的配套。地源热泵技术是暖通空调技术与水文地质钻井技术相结合的综合技术，两者缺一不可，这要求工程组织者和工程技术人员能够合理协调，充分做好技术经济分析工作。

二是环境的影响。地源热泵空调系统钻井对土壤热、湿及盐分迁移的影响研究有待进一步深入，如何避免不利因素是必须考虑的问题。

三是投资问题。并不是所有的地源热泵系统都是经济合理的，由于钻井费用可能占整个系统初投资的30%以上，有些投资者会选择回到传统的空调形式。

四是安装维修。目前地源热泵系统的安装费用与电制冷、天然气热系统相比较高，回收期为5～8年。

五是岩土特性。岩土的特性随地点的变化而有所差别，在一个地区所研究的结果可能完全不适用于另一地区，必须进行实地测试以及相应的修正，甚至重新研究。

3. 地源热泵空调的应用

地源热泵空调与传统中央空调相比，具有节能、环保、经济、可靠、安全、省地、一机多用的优势，且符合可持续发展的要求。

（1）地源热泵空调在建筑中应用的条件

一是设计过程中要有详尽的水文地质勘探资料。

二是水资源可利用。

三是采取可靠的回灌手段。

四是水质处理问题。

（2）地源热泵空调应用规模

各省市、自治区地源热泵空调应用数量如表3-8所示。

表3-8　我国各省市、自治区地源热泵空调应用规模统计表

省市、自治区	数量/项	省市、自治区	数量/项	省市、自治区	数量/项
北京	758	江西	39	甘肃	43
上海	129	吉林	57	青海	7
天津	154	山东	94	广西	18
江苏	68	黑龙江	36	海南	1
河北	303	河南	112	宁夏	36
浙江	43	贵州	38	重庆	13
山西	28	湖北	58	新疆	8
安徽	24	云南	2	四川	25
内蒙古	50	湖南	58	西藏	34
福建	20	陕西	70	合计	2 537
辽宁	147	广东	64		

图3-11、图3-12分别为双循环地热发电系统流程图和广东丰顺双循环地热发电热力系统流程图。双循环地热发电系统即把蒸汽发电和地热水发电两种系统合二为一。它最大的优点就是适用于高于150℃的高温地热流体发电，经过一次发电后的流体，在不低于120℃的工况下，再进入双工质发电系统，进行二次做功，充分利用地热流体的热能，既提高了发电效率，又将经过一次发电后的排放尾水进行再利用，

大大节约了资源。该系统从生产井到发电，再到最后回灌到热储，整个过程都是在全封闭系统中运行的，因此，即使是矿化程度很高的热卤水也可以用来发电，且不会对环境造成污染。同时，由于系统是全封闭的，即使在地热电站中也不会有刺鼻的硫化氢味道，因而是100%的环保型地热系统。这种地热发电系统采用100%的地热水回灌，从而延长了地热田的使用寿命。该机组目前已经在一些国家安装运行，经济效益和环境效益都很好。

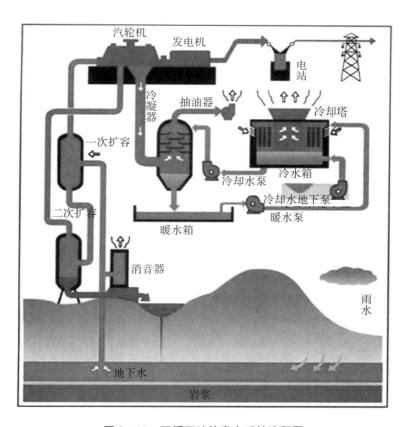

图 3-11　双循环地热发电系统流程图

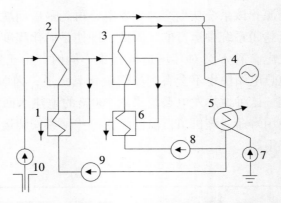

1—第一级预热器；2—第一级蒸发器；3—第二级蒸发器；4—汽轮发电机组；5—冷凝器；6—第二级预热器；7—循环水泵；8—第二级工质泵；9—第一级工质泵；10—深井泵

图3-12　广东丰顺双循环地热发电热力系统流程图

（三）风能的利用

1. 风能的特点

（1）优点

风能为洁净的能量来源，是可再生能源，储量丰富，分布广泛，绿色环保，能缓和温室效应，存在于地球表面的一定范围内。风能设施正日趋完善，大量生产可以降低成本。在适当地点，风力发电成本已低于其他类型的发电。在地势比较开阔、障碍物较少的地方或地势较高的地方适合使用风力发电。风能设施多为立体化设施，可保护陆地和生态环境。

（2）缺点

风力发电在生态上的问题是干扰鸟类，如美国堪萨斯州的松鸡在风车出现之后渐渐消失。目前的解决方案是离岸发电，离岸发电价格较高但效率也高。

在一些地区，风力发电的经济性不足，许多地区的风力有间歇性，更糟糕的情况是诸如台湾等地在电力需求较高的夏季及白天却是风力较少的时间，必须依靠于压缩空气等储能技术的发展。

风力发电需要大量土地，且会发出巨大的噪声，所以要找一些空旷的地方来实施。风速不够稳定，产生的能量也不太稳定。风能的利用严重受地理位置的限制，风能的转换效率也较低。另外，由于风能是新型能源，目前相应的使用设备也不是很成熟。

2. 风能的利用形式

现代利用涡轮叶片将气流的机械能转为电能。在古代，利用风车收集到的机械能被用来磨碎谷物和抽水，在近代，风力则被大规模使用在农场和一些偏远无电的地区。

目前，风力的利用方式主要是风力发电。风力发电机的工作原理比较简单，风轮在风力的作用下旋转，把风的动能转变为风轮轴的机械能，发电机在风轮轴的带动下旋转发电，用于建筑中的照明等系统。近年来，我国风力发电发展迅速，据中国能源网的相关报道，"2011 年的累计装机容量达 52 800 兆瓦，排名世界第一"。

当前的风力发电技术还在不断完善，具有相当的发展空间。其主要利用形式如下：

（1）风帆助航

风帆是人类利用风能的开端，是风能最早的利用方式。在机动船舶发展的今天，为节约燃油和提高航速，古老的风帆助航也得到了发展，现已在万吨级货船上采用电脑控制的风帆助航（见图 3 - 13），节油率可达 15% 以上。

图 3 - 13　风帆助航

（2）风力提水

风力提水从古至今一直都得到了较普遍的应用。至 20 世纪下半叶，为解决农村、牧场的生活、灌溉和牲畜用水问题以及节约能源，风力提水机有了很大的发展。现代风力提水机根据其用途可以分为两类：一类是高扬程小流量的风力提水机，它与活塞泵相配汲取深井地下水，主要用于草原和牧区，为人畜提供饮水；另一类是低扬程大流量的风力提水机，它与水泵相配，汲取河水、湖水或海水，主要用于农田灌溉、水产养殖或制盐。风力提水机在我国用途十分广泛。如图 3-14 所示。

图 3-14　风力提水

（3）风力制热

随着生活水平的提高，家用热能的需要越来越大，风力制热有了较大的发展。风力制热是将风能转换成电能。目前有三种转换方法：一是风力发电机发电，再将电能通过电阻丝转变成热能；二是由风力机将风能转换成空气压缩能，再转换成热能，即由风力机带动一次离心压缩机，对空气进行绝热压缩而发出热能；三是将风力直接转换成热能，这种方法制热效率最高。风力直接转换成热能也有很多方法，最简单的是搅拌液体制热，即风力机带动搅拌机转动，从而使液体水或油变热。液体挤压制热是利用风力机带动液压泵，使液体加热后再从小孔中高速喷出而使液体加热。此外，还有固体摩擦制热和电涡流制热等方法。

（4）风力发电

风力发电已经越来越成为风能利用的主要形式，而且发展速度最快。风力发电通常有三种运行方式：一是独立运行方式，通常是一台小型风力发电机向一户或几户人家提供电力，用蓄电池蓄能，以保证无风时的用电；二是风力发电与其他发电方式（如柴油机发电）相结合，向一个村庄或一个海岛供电；三是风力发电并入常规电网运行，向大电网提供电力，这是风力发电的主要发展方向。

3. 风能利用的现状及发展前景

研究显示，虽然到达地球的太阳能中只有大约 2% 转化为风能，但其总量仍十分可观。全球风能约为 1 300 亿千瓦，比地球上可开发利用水能的总量还要大 10 倍。

美国早在 20 世纪 70 年代就开始实行联邦风能计划，并于 20 世纪80 年代成功地开发了 100 千瓦、200 千瓦、2 000 千瓦、2 500 千瓦、6 200 千瓦、7 200 千瓦的 6 种风力机组。目前，美国已成为世界上风力机装机容量最大的国家，超过 2 万兆瓦，每年还以 10% 的速度增长。现在世界上最大的新型风力发电机组已在夏威夷岛建成运行，其风力机叶片直径为 97.5 米，重 144 吨，风轮迎风角的调整和机组的运行都由计算机控制，年发电量达 1 000 万千瓦。目前，美国风力发电量已占总发电量的 2% 以上。瑞典、荷兰、英国、丹麦、德国、日本、西班牙等国也根据各自国家的情况制订了相应的风力发电计划。

我国 20 世纪 70 年代中期以后将风能开发利用列入国家重点项目，近年来发展迅速，目前已研制出 100 多种形式、不同容量的风力发电机组，并初步形成了风力机产业。尽管如此，与发达国家相比，我国风能的开发利用还相当落后，发展速度缓慢且技术落后，远没有形成规模。因此，我国应在风能的开发利用上加大投入力度，使高效清洁的风能在我国能源格局中占据应有的地位。

广东粤电集团有限公司建设的广东惠来石碑山风电场于 2006 年 8月整体投运。该电场作为全国首批风电特许经营权示范项目，建设了167 台国产风机，每台风机容量 600 千瓦，合计容量 100 兆瓦，国产化率高达 60%。最引人注目的是香港中电集团与瑞典能源巨头 ABB 公司在汕头南澳合建的 200 兆瓦的大型海风电场（见图 3 - 15）。目前，广东已经拥有 115 家风力发电站，其中，南澳风电场是国内三大著名风电场之一，也是目前亚洲地区最大的海岛风电场，已拥有发电机 218 台，总装机容量达 12.5 万千瓦，一年可发电超 3 000 亿度。

图 3 - 15　广东汕头南澳风电场

　　风力发电在一百多年的发展中，由于它造价相对低廉而成了各个国家争相发展的新能源首选。为提高风力发电效率，降低成本，改善电能质量，减少噪音，实现稳定可靠的运行，风力发电将向大容量、变转速、直驱化、无刷化、智能化以及微风发电等方向发展。

第四章　绿色建筑是如何节水的

衡量人与自然是否和谐有两个重要指标，即资源承载能力和环境承载能力。在这两个承载能力中，水资源都占有十分重要的位置。水是人类的生命之源，是经济发展和社会进步、实现可持续发展的重要物质基础。

一、 水与建筑

（一）建筑给排水

1. 建筑用水

建筑中的用水主要有生活饮用水、生活使用水和工业用水。

水在建筑中被使用过后，会受到一定的污染；同时也会蒸发小部分，受到污染的水通过排水管道排到室外。我们将人们在日常生活中排出的生活污水和生活废水统称为建筑排水。建筑中的给水排水系统保证了建筑对水的需求，保障了建筑的正常运行。

（1）日生活用水定额

根据《建筑给水排水设计规范》（GB 50015—2003），最高日生活用水定额如表4－1所示。

表4－1　最高日生活用水定额

建筑类别		卫生器具设置标准	用水定额 ［升/（人·天）］	备注
住宅类别	I	大便器、洗涤盆	85～150	
	II	大便器、洗涤盆、洗脸盆、洗衣机、热水器和沐浴设备	130～300	
学生宿舍		设公共盥洗室、淋浴室	80～130	
		设单独卫生间、公共洗衣室	120～200	
办公			30～50	每班
宾馆			250～400	旅客每日
餐饮		中餐	40～60	顾客每次
		快餐、食堂	20～25	顾客每次

（2）城市居民生活用水标准

城市居民生活用水标准如表4-2所示，建筑中的生活排水量一般按给水量的80%~90%估算。

表4-2　城市居民生活用水量标准

地域分区	日用水量 ［升/（人·天）］	适用范围
一	80~135	黑龙江、吉林、辽宁、内蒙古
二	85~140	北京、天津、河北、山东、河南、山西、陕西、宁夏、甘肃
三	120~180	上海、江苏、浙江、福建、江西、湖北、湖南、安徽
四	150~220	广西、广东、海南
五	100~140	重庆、四川、贵州、云南
六	75~125	新疆、西藏、青海

注：摘自《城市居民生活用水量标准》GB/T 50331—2002。

2. 水在建筑中的用途

水在建筑中的用途有：饮用、盥洗、沐浴、洗衣、炊事、冲厕、绿化、空调冷却、泳池、水景等，不同类型的建筑对水的需求又有较大差异，用水量的比例也有很大的区别。如图4-1、图4-2、图4-3分别为三种不同类型的建筑的给水分项百分比图。

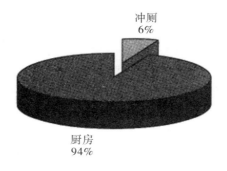

图4-1　餐饮业给水分项百分比图

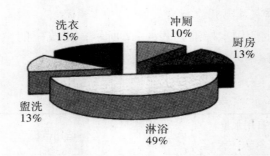

图 4 - 2 宾馆、饭店给水分项百分比图

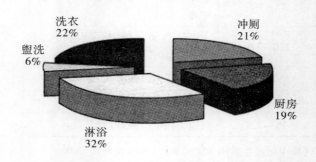

图 4 - 3 住宅给水分项百分比图

（二）给水水质

水的用途不同，对水质的要求也不同。给水水质的主要控制指标分为四类：感官性状指标、化学指标、毒理学指标、细菌学指标。目前，我国的生活饮用水水质按 2006 年正式颁布的新版《生活饮用水卫生标准》（GB 5749—2006）进行控制，控制指标由原来的 35 项增至 106 项。新标准要求，生活饮用水中不得含有病原微生物，其中的化学物质和放射性物质不得危害人体健康，感官性状良好，且必须经过消毒处理等。生活饮用水中，有机化合物指标包括绝大多数农药、环境激素、持久性化合物，是评价饮水与健康关系的重点。水质要求如表 4 - 3、表 4 - 4 所示。

表4-3　饮用水中消毒剂常规指标及要求

消毒剂名称	与水接触时间（分钟）	出厂水中限值（mg/L）	出厂水中余量（mg/L）	管网末梢水中余量（mg/L）
氯气及游离氯制剂（游离氯）	≥30	4	≥0.3	≥0.05
一氯胺（总氯）	≥120	3	≥0.5	≥0.05
臭氧	≥12	0.3		0.02 如加氯，总氯≥0.05
二氧化氯	≥30	0.8	≥0.1	≥0.02

表4-4　水质非常规指标及限值

指标	限值
1. 微生物指标	
贾第鞭毛虫（个/10L）	<1
隐孢子虫（个/10L）	<1
2. 毒理指标	
锑（mg/L）	0.005
钡（mg/L）	0.7
铍（mg/L）	0.002
硼（mg/L）	0.5
钼（mg/L）	0.07
镍（mg/L）	0.02
银（mg/L）	0.05
铊（mg/L）	0.000 1
氯化氰（以 CN⁻ 计，mg/L）	0.07
一氯二溴甲烷（mg/L）	0.1
二氯一溴甲烷（mg/L）	0.06

（续上表）

指标	限值
二氯乙酸（mg/L）	0.05
1，2－二氯乙烷（mg/L）	0.03
二氯甲烷（mg/L）	0.02
三卤甲烷（三氯甲烷、一氯二溴甲烷、二氯一溴甲烷、三溴甲烷的总和）	该类化合物中各种化合物的实测浓度与其各自限值的比值之和不超过1
1，1，1－三氯乙烷（mg/L）	2
三氯乙酸（mg/L）	0.1
三氯乙醛（mg/L）	0.01
2，4，6－三氯酚（mg/L）	0.2
三溴甲烷（mg/L）	0.1
七氯（mg/L）	0.000 4
马拉硫磷（mg/L）	0.25
五氯酚（mg/L）	0.009
六六六（总量，mg/L）	0.005
六氯苯（mg/L）	0.001
乐果（mg/L）	0.08
对硫磷（mg/L）	0.003
灭草松（mg/L）	0.3
甲基对硫磷（mg/L）	0.02
百菌清（mg/L）	0.01
呋喃丹（mg/L）	0.007
林丹（mg/L）	0.002
毒死蜱（mg/L）	0.03
草甘膦（mg/L）	0.7
敌敌畏（mg/L）	0.001
莠去津（mg/L）	0.002
溴氰菊酯（mg/L）	0.02

（续上表）

指标	限值
2，4-滴（mg/L）	0.03
滴滴涕（mg/L）	0.001
乙苯（mg/L）	0.3
二甲苯（mg/L）	0.5
1，1-二氯乙烯（mg/L）	0.03
1，2-二氯乙烯（mg/L）	0.05
1，2-二氯苯（mg/L）	1
1，4-二氯苯（mg/L）	0.3
三氯乙烯（mg/L）	0.07
三氯苯（总量，mg/L）	0.02
六氯丁二烯（mg/L）	0.000 6
丙烯酰胺（mg/L）	0.000 5
四氯乙烯（mg/L）	0.04
甲苯（mg/L）	0.7
邻苯二甲酸二（2-乙基己基）酯（mg/L）	0.008
环氧氯丙烷（mg/L）	0.000 4
苯（mg/L）	0.01
苯乙烯（mg/L）	0.02
苯并（a）芘（mg/L）	0.000 01
氯乙烯（mg/L）	0.005
氯苯（mg/L）	0.3
微囊藻毒素-LR（mg/L）	0.001
3．感官性状和一般化学指标	
氨氮（以氮计，mg/L）	0.5
硫化物（mg/L）	0.02
钠（mg/L）	200

二、 我国建筑水资源及节水现状

目前，我国城乡建筑排水系统方面的设计还不太完善，具体表现为每次下暴雨，就会造成区域或城市部分地区排水不畅，甚至是洪水倒灌。我国城市排水设施中的下水管网口径很小，难以对付大流量的来水。而发达国家的城市下水系统，是能在里面撑船、排涝能力很强的"地下运河"。近些年，中国各种建筑及城市公共设施建设因重视路面或路上施工，大量建设工程不仅密度大，还改变了城市原本的地形、地貌或排水设施，加之城市"硬质化"使自然渗水能力变得极差，最终使城市排涝功能减弱，不堪重负。据住房和城乡建设部 2010 年对 351 个城市进行的专项调研结果显示，2008—2010 年，全国 62% 的城市发生过城市内涝，内涝灾害超过 3 次以上的城市有 137 个。发生内涝的城市中，最大积水深度超过 50 厘米的占 74.6%，积水深度超过 15 厘米（可能淹没小轿车排气管的水深）的达 90%；发生内涝的城市中积水时间超过半小时的占 78.9%；其中 57 个城市的最长积水时间超过 12 小时。

有供水就要有相应的排水，供与排系统畅通无阻，才能保持平衡，这是绿色排水系统设计的基本理念。虽然这只是再浅显不过的科学道理，现代人却往往忽略这一点。如 1998 年的南方洪灾，使得诸多南方城市洪水倒灌。2008 年 6 月，由于广州流溪河水库泄洪，加之下水道倒灌进了位于广花二路上的广东某学院校园中，使学校变成"水上乐园"。近几年，南方大部分省市遭暴雨袭击后都或多或少地出现了城市排水系统的问题。2011 年 6 月开始，南方诸多省市由大旱转大涝，不少地方瞬间变成泽国。尽管是短时期的，但同样反映出了我国某些排水系统设计中存在的问题。

1. 四川都江堰水利工程

以前，尽管没有出现过"绿色排水系统设计"这一说法，但在我国古代文明中，从来不缺少具有真正意义上的绿色设计思考。在古代，成都平原是一个水旱灾害十分严重的地方，但由于著名的都江堰工程，成都变成了"天府之国"。都江堰位于四川省都江堰市城西，被誉为世界水利文化的鼻祖，是中国古代建设并使用至今的大型水利工程。它是由秦国蜀郡太守李冰父子邀集许多有治水经验的农民，对地形和水情做了实地勘察，并吸取前人的治水经验，一同率领当地人民修建的。无论是能够减少西边江水流量并起着分流和灌溉作用的宝瓶口工程，还是为了确保使岷江水能够顺利东流且保持一定的流量，并充分发挥宝瓶口作用而修建的分水鱼嘴工程，抑或是为了进一步控制流入宝瓶口的水量，防止灌溉区的水量不稳定而用于分洪和减灾的平水槽和飞沙堰溢洪道，无不凝聚着中华人民的绿色思考、设计。都江堰无疑是一个完整的、以发展的眼光来考察的、具有十足潜力的、造福一方的庞大水利工程体系。如图 4-4 所示。

图 4-4　四川都江堰水利工程

2. 江西赣州福寿沟水利工程

赣州三面环水，是赣江的发源地，章江、贡水在这里合流而成赣江，这里自唐末建城以来就为内涝所困。福寿沟排水系统的修建，彻底改变了人们的生活状态。

北宋熙宁年间（1068—1077 年），刘彝任虔州知军，主持、规划并建设了赣州城区的街道，且根据街道布局、地形特点，采取分区排水的方法，建成了福沟和寿沟两个排水干道系统，服务面积约 2.7 平方公里，形成了一个比较完整的 H——水干道网。福寿沟工程是一个罕见、成熟、精密的古代城市排水系统。尽管已经历了 900 多年的风雨，但它至今仍完好畅通，并继续作为赣州居民日常排放污水的主要通道。

福寿沟工程设计科学合理，利用城市地形的自然高差，全部采用自然流向的办法，使城市的雨水、污水自然排入江中和濠塘内。福寿沟综合集成了城市污水排放、雨水疏导、河湖调剂、池沼串联、空气湿度调节等功能，甚至形成了池塘养鱼、淤泥作为有机肥料用来种菜的生态环保循环链。整个排水网络"纵横纡折，或伏或见"，赣州也因此成为一个"不怕水淹"的城市。2010 年 6 月 21 日，赣州市部分地区降水近百毫米，市区却没有出现明显内涝现象，甚至没有一辆汽车被泡水。此时，离赣州不算太远的广州、南宁、南昌等诸多城市却惨遭水浸。这一切的不同，都源于至今仍发挥作用的以福寿沟为代表的城市排水系统。至今，全长 12.6 公里的福寿沟仍承载着有近 10 万居民的赣州旧城区的排污功能。有专家评价，以现在集水区域入口的雨水和污水处理量，即使再增加三四倍流量，也不会发生内涝。福寿沟是我国古代城市建设中极具创造性的城市排水雨污合流制综合工程。

图 4 - 5　江西赣州福寿沟水利工程

3. 我国南北城市水蒸发量

表 4 - 5、表 4 - 6 分别为南方、北方典型城市每月水蒸发量范围及平均值，可见北方典型城市在 2 ~ 9 月平均水蒸发量高于南方典型城市，而南方典型城市在 1 月、10 ~ 12 月平均水蒸发量高于北方典型城市。

表 4 – 5　南方典型城市每月水蒸发量范围和平均值

（单位：0.1 毫米）

月份	1	2	3	4	5	6	7	8	9	10	11	12
最大值	332	410	620	915	1 275	1 304	1 283	1 241	841	618	452	320
最小值	877	676	851	1 251	1 673	1 510	2 193	1 985	1 641	1 681	1 352	1 157
平均值	555	557	743	1 046	1 403	1 443	1 881	1 722	1 401	1 198	891	702

表 4 – 6　北方典型城市每月水蒸发量范围和平均值

（单位：0.1 毫米）

月份	1	2	3	4	5	6	7	8	9	10	11	12
最大值	323	493	983	1 488	2 036	1 843	1 883	1 728	1 527	1 138	605	368
最小值	520	757	1 548	2 335	2 775	2 602	2 602	1 938	1 544	1 199	820	638
平均值	449	629	1 185	1 935	2 442	2 250	2 250	1 802	1 535	1 162	736	513

　　注：南方典型城市：长江三角洲地区——上海；西南地区——成都；中南地区——长沙；东南地区——福州；华南地区——广州。北方典型城市：东北地区——沈阳；华北地区——北京；山东半岛地区——济南；华中地区——合肥；西北地区——西安。

4. 我国部分城市总降水量

　　我国部分城市的平均年总降水量如表 4 – 7 所示，可见南方城市降水量明显高于北方城市，尤其西北地区城市降水量明显偏少。

表 4 – 7　我国部分城市的平均年总降水量

（单位：毫米）

城市	北京	哈尔滨	沈阳	拉萨	乌鲁木齐	兰州
降水量	664.2	523.3	734.5	444.8	277.6	327.7
城市	上海	武汉	广州	郑州	重庆	青岛
降水量	1 123.7	1 204.5	1 694.1	640.9	1 151.5	775.6

三、　绿色建筑水资源利用控制要求

　　根据《绿色建筑评价标准》（GB/T 50378—2014），节水与水资源

利用方面的标准及要求主要包括控制项指标、一般项指标和优选项指标三个层次，具体如下。

（一）控制项指标

控制项指标主要包括以下内容：

①制订水系统规划方案，综合利用各种水资源。

②设置合理、完善的供水、排水系统。

③采取有效措施以避免管网漏损。

④建筑内应合理选用节水的卫生器具。

⑤使用非传统水源时，应采取用水安全保障措施，且不对人体健康和周围环境产生不良影响。

（二）一般项指标

一般项指标主要包括以下内容：

①通过技术经济比较，合理确定雨水积蓄、处理和利用方案。

②绿化、景观、洗车等用水应采用非传统水源。

③绿化灌溉采用喷灌、微灌等高效节水的灌溉方式。

④非饮用水采用再生水时，利用附近集中再生水厂的再生水，或通过技术经济比较，合理选择其他再生水水源和处理技术。

⑤按用途设置用水计量水表。

⑥对于办公楼、商场类建筑，非传统水源的利用率不低于20%，旅馆类建筑不低于15%。

（三）优选项指标

优选项指标主要包括办公楼、商场类建筑，其非传统水源利用率不低于40%，旅馆类建筑不低于25%。

四、绿色建筑节水技巧

节水技巧包括减少用水量，循环使用水及使用非传统水资源。

减少用水量，首先要节流堵漏。要找出浪费水的各种根源，如高耗水的设备和器具，管道、设备的漏水情况，使用过程中的无效用水，以及因管理造成的浪费。循环使用水，是提高用水效率的好办法。梯级用水，一水多用，能充分发挥水资源的潜在效能；使用非传统水资源，即开源。将再生水、雨水、海水等传统水资源之外的水利用起来，以缓解淡水资源短缺的现状。

（一）节水与水资源利用设计

节水与水资源利用是指绿色建筑在设计与规划时，应结合当地的气候、水资源、给排水等客观环境状况，在满足用水需求、保证用水安全与使用要求的前提下，制订节水规划方案，采取有效措施，提高水资源的利用效率，减少无用耗水量，采用再生水资源，减少市政供水量和污水排放量，从而达到保证有效水资源的持续、经济供给的目的。

节水与水资源利用的规划与设计，主要包括三个方面：一是供水系统的节约用水；二是中水的回收与利用或再生水源的开发与利用；三是雨水的收集与利用。

供水系统的节约用水是指采取有效措施节约用水，提高水的利用效率。主要从三个方面着手：避免管网漏损、使用节水器具和灌溉节水。

1. 避免管网漏损

目前，城市给水管网漏损率一般都高于10%，造成大量的水资源浪费，因而避免管网漏损是提高用水效率的重要途径。建筑管网漏失水量主要集中在室内卫生器具漏水、屋顶水箱漏水和管网漏水，表现为跑、冒、滴、漏水，重点发生在给水系统的附件、配件、设备等的接口处。为避免管网漏损，可采取以下措施：给水系统中使用的管材、管件应符合现行产品国家标准的要求，新型管材和管件应符合企业标准的要求，并必须符合有关管理部门的规定和组织专家评估或通过鉴定的企业标准的要求；采取管道涂衬、管内衬软管、管内套管道、管道防腐等措施避免管道损漏；选用性能高的阀门、零泄漏阀门等，做好给水系统的密闭工作；合理限定给水压力，避免给水压力持续高压或压力骤变；选用高灵敏度计量水表，并根据水平衡测试标准安装分级计量水表，计量水表安装率达100%；做好管道基础处理和覆土，控制管道埋深，把好施工质量关，加强日常的管网检漏工作。

2. 使用节水器具

推广和使用节水型器具与设备是建筑节水的主要途径之一。对采用产业化装修的住宅建筑，住宅套内也应采用节水器具。所有用水器具应满足《节水型生活用水器具》（CJ 164—2014）及《节水型产品通用技术条件》（GB/T 18870—2011）的要求。节水器具包括：节水型水龙头，如加气节水龙头、陶瓷阀芯水龙头、停水自动关闭水龙头等；坐便器，如压力流防臭、压力流冲击式 6 升直排便器、3 升／6 升两档节水型虹吸式排水坐便器、6 升以下直排式节水型坐便器、感应式节水型坐便器、带洗手水龙头的水箱坐便器、无水真空抽吸坐便器；节水淋浴器，如水温调节器、节水型淋浴喷嘴等；节水型电器，如节水洗衣机、洗碗机等。

3. 灌溉节水

绿化灌溉应采用喷灌、微灌、渗灌、低压管灌等节水灌溉方式，以及采用湿度传感器或根据气候变化的调节控制器。为增加雨水渗透量和减少灌溉量，可选用兼具渗透和排放两种功能的渗透性排水管。

目前，普遍采用的节水绿化灌溉方式是喷灌，即利用专门的设备（动力机、水泵、管道等）把水加压，或利用水的自然落差将有压水送到灌溉地段，通过喷洒器（喷头）将水喷射到空中散成细小的水滴，让其均匀地散布。这种方式比地面漫灌省水 30%～50%。另外，喷灌要在风力小时进行。当采用再生水灌溉时，喷灌方式易产生气溶胶，导致水中微生物在空气中极易传播，应避免采用。

微灌包括滴灌、微喷灌、涌流灌和地下渗灌，是通过低压管道和滴头或其他灌水器，以持续、均匀和受控的方式向植物根系输送所需水分的方式。这种方式比地面漫灌省水 50%～70%，比喷灌省水 15%～20%。不过，微灌的灌水器孔径很小，易堵塞。因而微灌的用水一般都应进行净化处理，先经过沉淀除去大颗粒泥沙，再过滤，除去细小颗粒的杂质等，特殊情况还需进行化学处理。

4. 减压限流

表 4－8 为部分卫生器具在额定流量时的最低工作压力。水一般通过水泵加压提升再送至千家万户，为满足所需而提供足够的水压。通过采取减压的方法可避免"超压出流"现象。在管道上设置减压阀、减压孔板、节流塞等减压装置，或采用带压力调节装置的用水器具，使供水压力接近用水器具所需的最低压力，从而减压限流，节约用水。

表 4－8 　部分卫生器具在额定流量时的最低工作压力

器具名称	洗脸盆水嘴	浴盆混合水嘴	淋浴器混合阀	洗衣机水嘴
最低工作压力／MPa	0.05	0.05～0.07	0.06～0.10	0.05

（二）合理利用非传统水资源

1. 中水的回收与利用

（1）中水回收

中水也称再生水或回用水，在污水工程处理方面一般称为再生水，在工厂使用方面一般称为回用水。中水一般以水质作为标志，其主要指城市或生活污水，或各种排水经过处理后达到国家一定的水质标准，可在一定范围内重复使用的非饮用水。因其水质指标低于城市给水中的饮用水水质标准，但又高于污水允许排入地面水体排放标准，亦即其水质居于生活饮用水水质和允许排放污水水质标准之间，故取名为中水。

中水具有不受气候影响、不与邻近地区争水、就地可取、稳定可靠、保证率高及成本低等优点。和海水淡化、跨流域调水相比，中水具有明显的优势。从经济的角度看，中水的成本最低，而海水淡化、跨流域调水的成本则要高出很多。从环保的角度看，污水再生利用有助于改善生态环境，实现水生态的良性循环，缓解水资源紧缺的压力。因而中水是城市的第二水源，已经成为世界各国解决水问题的必选之项。

从 20 世纪 60 年代以来，世界多个国家和地区相继出现水资源短缺危机。在美国、日本、以色列等国，厕所冲洗、园林和农田灌溉、道路保洁、洗车、城市喷泉、冷却设备补充用水等，都大量地使用中水。

中水水源包括冷却排水、淋浴排水、盥洗排水、厨房排水、厕所排水、城市污水厂二沉池出水等。一般情况下，住宅建筑中将除厕所生活污水外其余排水作为中水水源；大型的公共建筑、旅馆、商住楼等，采用冷却排水、淋浴排水、盥洗排水作为中水水源。

对中水进行处理时，一般根据中水水源、水质和使用要求选择相应的工艺流程。以优质杂排水为中水水源且水量不太大时，一般采用以物化为主的工艺流程；以杂排水为中水水源时，一般采用以一段生化处理辅以物化处理的工艺流程；以生活污水为中水水源时，一般采用以二段生化处理、物化相结合的处理流程。

（2）中水利用

中水在处理、储存、输配等环节中应采取一定的安全防护和检测控制措施，符合《城镇污水再生利用工程设计规范》（GB 50335—2016）、《建筑中水设计标准》（GB 50336—2018）、《再生水水质标准》（SL 368—

2006）等标准的相关要求，保证卫生安全，避免对人体健康和周围环境产生不利影响。根据中水的不同用途，对其水质的相应要求也有所不同。中水用作建筑杂用水和城市杂用水，如冲厕、清扫道路、消防、城市绿化、车辆冲洗、建筑施工等杂用时，其水质应符合国家标准《城市污水再生利用 城市杂用水水质》（GB/T 18920—2002）的规定；中水用于景观环境用水时，其水质应符合国家标准《城市污水再生利用 景观环境用水水质》（GB/T 18921—2002）的规定；中水用于食用作物、蔬菜浇灌用水时，应符合《农回灌溉水质标准》（GB 5084—2005）的要求；中水用于采暖系统补水等其他用途时，其水质应达到相应使用要求的水质标准；当中水同时满足多种用途时，其水质应按最高水质标准要求。

2. 雨水的收集与利用

（1）国内外雨水利用情况

雨水作为一种自然资源，具有污染轻、水质条件好、处理工艺简单、投资少、见效快等特点，因此被认为是最有利用价值的水资源。但由于受季节和气候等因素的影响，降雨分配不均匀，随机性大，因而雨水也存在水源不稳定的缺点。绿色建筑雨水利用是指利用各种工程手段有目的和有针对性地对雨水加以控制和利用，将降雨转化为地下水或者将地表径流加以收集、调配和利用，以满足建筑用水的需求。

雨水利用最早在德国、日本和以色列得到重视，在 20 世纪就开始被这些国家大力推行。他们开发利用雨水作为灌溉和非饮用水，以控制自然水体污染和缓解日益增长的用水需求，并完善相应的政策和技术措施。目前，德国的雨水利用技术已经发展到第三代，相关政策和技术措施也较为完善，实现了雨水利用的标准化和产业化。

我国位于北纬 4°～53°31′，东经 73°40′～135°95′之间，东部濒临太平洋，受季风气候的影响，降水丰富，为雨水利用提供了有利的条件。但我国地域辽阔，降雨时空分布不均匀，各地的降雨量存在较大差异，整体趋势是由东南沿海向西北内陆递减。目前，由于我国城市建设步伐加快，城市地面硬化面积逐步增大，使得大量的雨水通过排放系统径流排出城市，造成水资源流失，并没有得到充分利用。未来，随着水资源的短缺，雨水的利用潜力也将会更加突出。

（2）雨水利用的方式与措施

国内外在雨水收集与利用方面，主要采取间接利用和直接利用两种手段。

1）雨水间接利用

雨水的间接利用主要是利用雨水的自然循环，通过雨水渗透系统，将雨水直接渗透到地下，增加土壤的相对含水量。雨水渗透作为一种间接节水方式，不仅能够缓解雨水管道的输送压力，还可以利用绿地和土壤的净化作用截留径流所携带的污染物，相当于对雨水进行了预处理。在我国北方的部分干旱地区，雨水蓄积的效益不明显，雨水的利用主要依赖于渗透。草地的土壤稳定入渗率比相同土壤条件的裸地大 15% ~ 20%，因此，雨水渗透主要通过形成绿地洼地，并配合渗水路面和地下渗透管渠等多种组合形式来实现，典型的雨水渗透系统有渗透地面、下凹式绿地、MR 系统（Mulden Rigolen System，洼地—渗渠系统）和渗透管渠。

①渗透地面。渗透地面分为天然渗透地面和人工渗透地面。天然渗透地面主要是指绿地。人工渗透地面主要指各种人工铺设的具有透水性的地面，如多孔的嵌草砖、各种卵石、透水性混凝土地面等。其主要优点是布置灵活，可根据需要布置于广场、人行道、停车场和休息场所等非机动车和小流量机动车活动的场所。

②下凹式绿地。下凹式绿地是目前应用较为广泛的渗透措施，通过调整绿地地面、道路和雨水溢流口的标高，达到雨水渗透的目的。绿地内可根据需要种植植物，将雨水溢流口设置于绿地中，使得绿地标高低于道路标高，雨水溢流口标高介于绿地和道路之间。降雨后的路面，雨水径流流入下凹式绿地，经绿地蓄渗截流后将多余的雨水再通过上凸式雨水箅后由雨水管集中收集。采用下凹式绿地渗透收集处理方案相对直接弃流的工艺，具有增加雨水下渗量、去除雨水污染物、提高雨水利用率等优点，但下凹式绿地工艺投资相对较高。

③MR 系统。MR 系统在欧洲比较盛行，它主要是利用明渠将雨水引入由草皮覆盖的浅沟。先通过下部的砾石层过滤雨水，当雨水超过浅沟地的承载能力时，多余的雨水溢流到路边的渗渠内，再通过渗渠向周边土壤渗透。由于结合了洼地的短期渗透和渗渠的长期渗透，雨水的渗

透效果得到了加强。由于渗渠内填充了多孔材料，加上透水土工布的包裹，因此，对下渗的雨水进行了二次过滤，同时还可以避免地下水位过高和土壤过湿等问题。

④渗透管渠。渗透管渠是将传统的非渗透雨水管渠替换为渗透管渠，如钢筋混凝土穿孔管、穿孔塑料管、地面敞开式渗透沟或带盖板的渗透暗渠，管渠周围回填砾石，并用渗透土工布或反滤层包裹，使管渠兼有调蓄、渗透和排泄洪水的功能。

为了充分发挥雨水的渗透效果，雨水渗透设施的使用需根据实际地形和地质情况而定，并采用多种渗透措施增加雨水渗透量。

2）雨水的直接利用

雨水的直接利用是指将雨水集中收集后进入相应的循环系统加以利用，主要应用于降雨充沛的地区。雨水直接利用的方式有：

①屋顶绿化。屋顶绿化是以建筑物屋顶为平台，在其上铺设一定厚度的人造土、泥炭土、腐殖土等轻型栽培基质（如浮石、蛭石、膨胀珍珠岩、硅藻土颗粒）及输水骨架层，以种植绿色植物来覆盖屋顶的空间绿化形式。利用屋顶的植被和土壤基质作用，大部分的屋顶雨水将被就地拦截，屋顶雨水通过植物和栽培基质的过滤作用，雨水可直接被收集利用，不需要其他的雨水过滤和初期雨水弃流等装置，不仅有效地控制了雨水污染，改善了小区的微气候，也营造了良好的空间景观。如图4-6、图4-7所示。

图4-6　德国屋顶花园（半密集型）

图4-7　美国纽约洛克菲勒中心屋顶花园

②雨水蓄积。雨水蓄积是利用工程手段，将绿地和其他渗透设施无法消化的地表径流收集起来。常用的雨水蓄积方式是修建集中的蓄水池与利用小区的景观水体（如人工湖）蓄水，雨水通过常规的沉淀、过滤和消毒后可直接回用。如用景观水体蓄水，景观水体的水质保障通过人工湿地进行处理，需回用部分的雨水经过消毒后用于绿化、冲厕、道路浇洒等杂用。小区内不能依靠重力流入景观水体的雨水集中收集在地势较低的蓄水池内，景观水体水位下降后，用泵将蓄水池中的雨水抽至景观水体以利用。遇到暴雨时，景观水体和蓄水池中的多余雨水溢流至市政雨水管外排。对于有条件的居住小区，还可以根据占地情况建造雨水湿地水塘，其处理的原理同污水处理。由于湿地水塘的占地面积大、水浅，可达到雨水沉淀作用，加上植物的生长基质对雨水中污染物的吸收和过滤，实现了雨水沉淀和过滤的联合作用。

为实现雨水资源利用的最大化，绿色建筑雨水收集与利用通常采用间接和直接利用相结合的措施（见图4-8）。另外，雨水利用是一个系统工程，它牵涉的方面广，影响因素较多，如所在服务区域的面积、气候和地质条件以及雨水利用设施的结构等，因而在设计的过程中需因地制宜，选择合适的雨水利用措施。

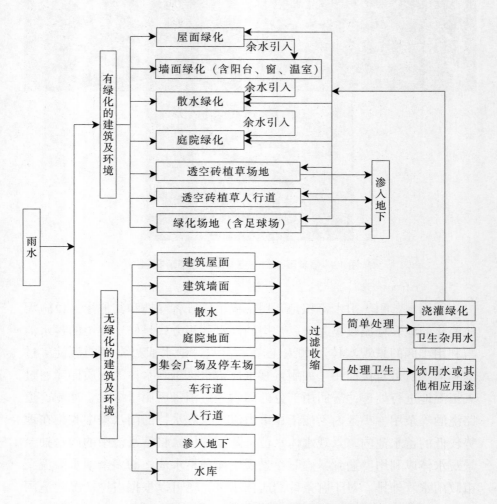

图 4 – 8 建筑环境中雨水收集利用框架图

雨水在降落和地表径流的过程中由于受到落水下垫面、空气质量、气温、降雨强度、降雨历时、建筑的地理位置等诸多因素的影响，水质情况变得复杂。与中水回收利用相似，雨水经过收集、处理后进行资源化利用时，应符合相应的国家水质标准的要求。若回用于小区景观环境用水，其水质应符合国家《景观环境用水水质》（GB/T 18921—2002）的标准。雨水若用于建筑杂用水或城市杂用水，如冲厕、道路清扫、消防、城市绿化、车辆冲洗、建筑施工，其水质应符合国家标准《城市杂用水水质》（GB/T 18920—2002）的标准。当雨水处理后同时用于多种用途时，其水质应按最高水质标准要求。

3. 结合屋面绿化的雨水回用设计

屋面绿化在涵养水土、增加空气湿度、隔声、抗污染、清新空气、形成生物气候缓冲层以及对地面绿化的延伸等方面，都发挥着重要的作用。其中一个重要点应为生态作用，即屋面绿化对雨水的净化作用。下面分析屋面绿化对雨水的净化作用，并结合所研究建筑的实际情况，设计关于屋面绿化雨水回用系统的方案。

（1）屋面绿化在雨水回用中的作用

1）屋面绿化具有减轻污染的功能

屋面雨水污染主要包括两个方面，一方面是雨水降落前，雨水所含有的污染物；另一方面是雨水降落后，雨水被再次污染。屋面绿化主要从三个方面减少屋面雨水污染。

①通过屋面绿化层截留、吸纳部分天然雨水，并逐渐利用植物和人工种植土层中微生物的作用，降解污染物质。

②利用土壤渗透过程净化天然雨水中的部分污染物质。据试验证明，当进水浓度为 160 毫克/升左右时，出口处 COD（Chemical Oxygency Demand）的去除率可达 50% 以上。其中 COD 为化学需氧量，定义为水体中能被氧化的物质在规定条件下进行化学氧化过程所消耗氧化剂的量。

③杜绝了沥青等屋面材料对径流雨水的污染。屋面绿化几乎可100% 减轻这部分的污染负荷，还可大幅度削减屋面雨水中的硫。

2）屋面绿化可以蓄存部分雨水

屋面绿化本身就需要用水，可以通过种植层与蓄排水层蓄存部分雨水。屋面绿化蓄存雨水的能力与种植层、蓄排水层的厚度和材料密切相关，蓄存雨水的能力也因材料而异。

（2）屋面绿化雨水循环利用设计

1）屋面绿化典型构造

就屋面绿化本身而言，需要解决其本身的防水与排水问题，以免发生漏水现象。屋面绿化需要水，植物的生长离不开水，但又不能有太多的水，以防植物涝死和超过屋面的荷载限制，屋面绿化典型构造见图4-9。结合实际操作，总结出以下比较合适的屋面绿化材料的取材和注意事项。

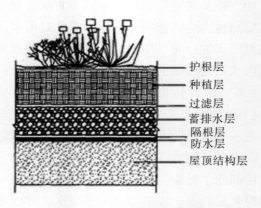

图4-9　屋面绿化典型构造

①护根层。一般由直径为6～12毫米的松木、红木或杉木碎块构成，目的是保持种植层的湿度，减少土壤对热量的吸收。同时又起着防止植物根茎受到霜冻的危害，防止杂草生长以及持续提供腐殖质的作用，从而保证种植层始终为疏松状态。

②种植层。直接影响着屋面荷重与排水防水、饱肥的性能。最理想的种植层为多孔页岩、多孔板岩、多孔黏土，再加入经过挑选的细砂，混合一定比例的腐殖质。这样的材料既能保证土壤有一定的重量，又比自然土轻，而且在屋面多风的情况下也能确保土壤和植物的稳固性。

③过滤层。防止土壤随着雨水流失，保持土壤不流失和防止堵塞蓄排水层的空隙。

④蓄排水层。原先一般由块石、卵石组成，但随着科技发展，现今出现了许多轻质材料，比如用聚苯乙烯卷材来代替密度较大的块石与卵石。

⑤隔根层。保护屋面的结构不受植物根系的破坏，保证生态绿化的同时满足最根本的居住安全问题。

⑥防水层。由于要在保证屋面不漏水的前提下开展屋面绿化，防水层一般做得十分讲究，厚度达到10厘米。屋面绿化的排水设施与基质材料的选择、雨水水质处理的效果有密切关系，因此，这些材料的选择直接影响着雨水利用的水质。

2）雨水利用设计的构思

雨水回用是绿色建筑节水及水资源利用中重要的环节，也是绿色建筑节水评价的主要指标之一。在雨水利用设计方面可以从以下四个方面进行构思：

①充分利用屋顶水景池蓄积雨水来满足屋顶水景及地面植被的绿化部分用水需求。

②通过对地面雨水的收集和处理，满足室外水景和植被绿化的部分用水需求。

③利用雨水在屋顶的蓄积，形成的蓄水景观屋顶可以极大地减少通过屋顶传入室内的热量，并有效地改善室内热环境质量。

④通过景观贮流渗透到屋顶花园、中庭花园、渗井、绿地等，不仅增加了雨水蓄积量，而且有效地降低了雨水受污染的概率，保证了雨水的水质，降低了雨水处理的成本和难度。

3）雨水回用整体方案设计

在屋面设置一个调蓄池，贮存经过土壤净化预处理的雨水，作屋面绿化的浇灌与园路等冲洗之用。对于过多的雨水，可以通过设置溢水管往地面排出。屋面绿化构造，即对雨水的净化设施的设置，应充分考虑其净化能力，使出来的水在进入景观前，已经达到景观用水的标准。

见图4-10，屋面雨水的收集通过设置在过滤层下方的蓄排水层内的排水管完成，开口处设置的收集管不仅顶头开口，而且侧面也开口，这有利于上方雨水与蓄排水层侧方雨水的收集。结构中的过滤层也十分重要，其作用为防止土壤颗粒进入管道而形成堵塞。

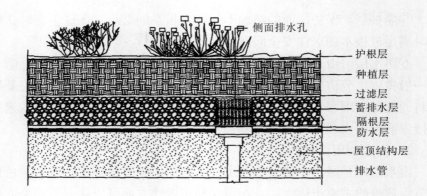

图 4 – 10   屋面雨水收集示意图

在建筑下层建设适合本地区强降雨的蓄水池：经过屋面绿化的水，从排水管先蓄存在蓄水池中，当降雨强度过大时，可以通过蓄水池池壁上的溢水管，把雨水排放。同时在蓄水池边设置泵房，通过泵房，把蓄水池收集到的雨水分为两部分：一部分上提到屋面，存入调蓄池，供屋面绿化和屋面冲洗；另一部分利用蓄水池中的多余雨水，输送到水景设施处，以供水景用水，如图 4 – 11。

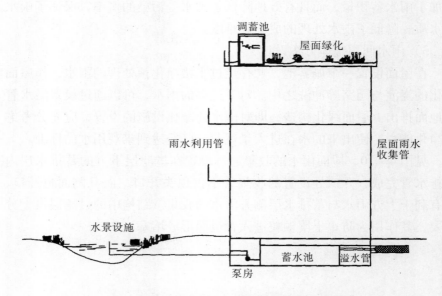

图 4 – 11   屋面绿化雨水回用整体设计示意图

4. 空调冷凝水回用系统

根据建筑空调系统的末端装置安装方式及特点，利用重力流将冷凝水收集至集水池，建议收集一至六层空调冷凝水作为回用。冷凝水回收系统可将空调机组凝结的冷凝水集中，水经过滤槽过滤后流至集水池内，再经过消毒即可利用水泵从集水池输送到各个用水点（冷凝水中杂质主要是灰尘及细菌，通过滤槽及消毒工艺可达到杂用水标准），具体见图 4 – 12。

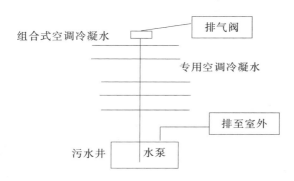

图 4 – 12 空调冷凝水回收示意图

因空调冷负荷较大，产生的冷凝水较多，集水池容积较大，因此不宜设置在建筑的地下室。集水池位置应设置在靠近用水量大的地方，结合园区环境美观，如可将集水池设置于绿地下面（即地下型贮存池）。集水池设置溢流口，超过设计收集水量时，多余水则溢流排至市政管网，见图 4 – 13。

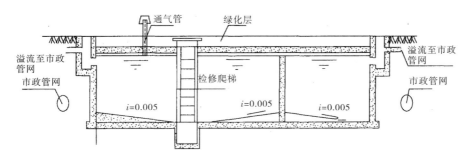

图 4 – 13 空调冷凝水收集池示意图

5. 海水淡化与利用

（1）海水淡化

海水淡化需要除去咸水中的盐，目前，我国的海水淡化技术已经很成熟，但处理过程耗电耗能，成本很高。由于海水淡化的成本比取用其他淡水资源的成本要高，所以这种技术目前还没有发展到商业化应用的阶段。即使不考虑初期的基建投资，淡化海水成本也达到45～80元/吨。随着我国经济建设的不断发展和市政供水价格的放开，利用海水淡化技术制取淡水必将大有市场。目前已实现商业化应用的淡化技术主要可分为蒸馏法和薄膜法两大类。

（2）海水直接利用

我国的沿海城市大都面临着淡水短缺的问题，在缺水的沿海、岛屿等地区，考虑直接使用海水作建筑的空调冷却水和冲厕水，可以取得很好的节水效果，缓解水资源短缺的压力。

天津市是资源型缺水城市，天津大港电厂、天津碱厂率先在全国利用海水作为冷却用水，建成海水循环冷却装置。

香港利用海水冲厕始于20世纪50年代末，起初尝试在政府建筑中利用经水冷式空调系统排出的温热的海水冲厕，取得了成功，后来在政府机关及政府补贴的高密度住宅中推广，证明利用海水冲厕技术可行。

香港的供水水源，一是来自占全香港土地总面积1/3的庞大雨水收集系统，二是来自广东省的东深供水工程。

（3）海水利用的经济性

利用海水冲厕较淡水与再生水具有明显的优越性。

根据我国沿海地区的具体情况，青岛城管部门预测，青岛冲厕海水的运行成本大约为0.4元/吨，用于冲厕的海水价格为0.3～0.5元/吨，相对于青岛现行的自来水价格1.6元/吨，则便宜很多。即使以后自来水涨价，海水的价格也控制在不高于自来水价格1/3的范围内，海水冲厕的经济性由此可见一斑。因此，利用海水进行冲厕不但节约了淡水资源，而且也非常经济。

6. 用人工湿地处理污水

地球有三大生态系统，即森林、海洋、湿地。其中，湿地泛指暂时或长期覆盖水深不超过2米的低地、土壤充水较多的草甸以及低潮时水深不过 6 米的沿海地区，包括各种咸水淡水沼泽地、湿草甸、湖泊、河流以及洪泛平原、河口三角洲、泥炭地、湖海滩涂、河边洼地、漫滩、湿草原等。

人工湿地是一种由人工建造和监督控制的、与沼泽地类似的地面。湿地处理污水是利用湿地自然生态系统中的物理、化学和生物的三重协同作用，通过过滤、吸附、共沉、离子交换，植物吸收和微生物分解来实现对污水的高效净化。用湿地处理污水，具有投资低、出水水质好、抗冲击力强、增加绿地面积、操作简单、维护和运行费用低等优点。

第五章　绿色建筑是如何节材的

一、 绿色建筑对节材和材料利用的要求

1. 节材及绿色建材

我国是人均资源相对贫乏的国家，而目前我国建材行业在建筑材料的生产和使用过程中存在的高能耗以及对环境的重污染，更加剧了这种资源短缺和经济快速发展之间的矛盾。因此，提倡绿色建筑，在建筑物的全寿命周期中，最大限度地节约资源，将成为我国国民经济健康地可持续发展的必然选择。其中，节材是资源节约的核心内容之一。

1988 年，第一届国际材料科学研究会提出了"绿色材料"的概念。国际学术界明确提出：绿色材料是指在原料采取、产品制造、使用或者再循环以及废料处理等环节中对地球环境产生最小负荷和有利于人类健康的材料。

1990 年，日本山本良一提出了"生态环境材料"的概念。他认为生态环境材料应是将先进性、环境协调性和舒适性融为一体的新型材料。

1998 年，我国提出了"生态环境材料"的概念，其基本定义为：具有满意的使用性能和优良的环境协调性，或能够改善环境的材料。所谓的环境协调性是指所用的资源和能源的消耗量最少，生产与使用过程中对生态环境的影响最小，再生循环率最高。

1999 年，我国提出了绿色建材的定义：采用清洁生产技术，不用或少用天然资源和能源，大量使用工农业或城市固态废弃物生产的无毒害、无污染、无放射性，达到使用周期后可回收利用，有利于环境保护和人体健康的建筑材料。绿色建材是生态环境材料在建筑材料领域的延伸。

绿色建材的内涵在于：它是以相对最低的资源（包括耗费天然资源最少）、最少的能源消耗和环境污染为代价生产的高性能建筑材料；是能够大幅度减少建筑能耗的建材产品；是能够大量利用工业废弃物的建筑材料；是产品可回收再利用或可循环利用、产生废弃物最少的建筑材料；是以改善生产和居室的生态环境，提高生产生活质量为宗旨的建筑材料。所以说，绿色建材是涵盖了绿色建筑节材与材料资源化利用目

标的建筑材料。

2.《绿色建筑评价标准》对节材和材料利用的要求

（1）控制项指标

①建筑材料中有害物质含量应符合现行国家标准《室内装饰装修材料　人造板及其制品中甲醛释放限量》（GB 18580—2017）、《混凝土外加剂中释放氨的限量》（GB 18588—2001）和《建筑材料放射性核素限量》（GB 6566—2010）的要求。

②建筑造型要素简约，无大量装饰性构件。

（2）一般项指标

①施工现场500千米以内生产的建筑材料质量占建筑材料总质量的60%以上。

②现浇混凝土采用预拌混凝土。

③建筑结构材料合理采用高性能混凝土、高强度钢。

④将建筑施工、旧建筑拆除和场地清理时产生的固体废弃物分类处理并将其中可再利用材料、可再循环材料回收和再利用。

⑤在建筑设计选材时考虑材料的可循环使用性能。在保证安全和不污染环境的情况下，可再循环材料使用质量占所用建筑材料总质量的10%以上。

⑥土建和装修工程一体化设计施工，不破坏和拆除已有的建筑构件及设施，避免重复装修。

⑦办公、商场类建筑室内采用灵活隔断，减少装修时的材料浪费和垃圾产生。

⑧在保证性能的前提下，使用废弃物为原料生产的建筑材料，其用量占同类建筑材料的比例不低于30%。

（3）优选项指标

①采用资源消耗少和对环境影响小的建筑结构体系。

②可再利用建筑材料的使用率大于5%。

3. 日常造成建筑材料浪费的种种做法

（1）追求"新、奇、特"和超豪华的建筑

近年来，我国建筑界有一股势力——追求建筑的"新、奇、特"（见图5-1），将建筑物做得夸张、离奇、怪诞。为了别出心裁，做不必要的变化造型、不合理的超大结构、不对称的平面设计，使得建材用量剧增。很多地方"标志性建筑"成风，一些只出现在书本、杂志或展览会上的"怪建筑"，在我国城市中却不断兴起。

不少城市的房地产市场先后刮起"欧陆风"，开发商不惜重金在住宅外部做烦琐的欧式装饰。其实，欧式建筑并不利于现代化施工，造价也比普通设计高很多。

还有一些地方政府，为了显示政绩，互相攀比，纷纷建造豪华办公楼，这也是一种极大的浪费，如图 5 - 1 为某县政府的豪华办公楼。

图 5 - 1　某县政府的豪华办公楼

（2）寿命过短的建筑

2007 年 1 月 6 日，设计使用寿命 100 年，但实际使用不过 13 年的浙江杭州西湖第一楼在爆破声中倒下，如图 5 - 2 所示。2007 年 1 月 7 日，建于 1991 年，仅使用 15 年的山东青岛铁道大厦在爆破声中倒下，如图 5 - 3 所示。2007 年 2 月 12 日，建于 1988 年的沈阳五里河体育场被爆破拆除，如图 5 - 4 所示。

近年来，房地产投资规模迅速扩大，大兴土木的同时，也存在大量拆除旧建筑的状况，这种"大拆大建"是目前我国建筑市场的独特现象。在欧洲，住宅平均使用年限在 80 年以上，其中法国建筑平均寿命达到 102 年。而在我国，许多建筑使用二三十年甚至更短时间就被拆掉。许多处于正常设计使用年限内的建筑被强行拆除，使建筑使用寿命大大缩短。建筑短命现象造成了严重的资源浪费和环境污染现象。原因有二：一是由于建筑质量低劣造成建筑使用寿命短。如北京中体博物馆从 1990 年建成使用，到出现承重钢梁断裂等重大安全隐患，仅仅只有 15 年，离重要建筑主体结构的耐久年限 100 年要求相差太远。其主要原因是施工方粗制滥造、偷工减料及缺乏对建筑后期保养维修。二是因规划需要等而提前拆除尚可继续使用很多年的建筑，即人为造成建筑短命。如图 5-2、图 5-3、图 5-4 的三例即是此因所致。

图 5-2　西湖第一楼被爆破

图 5-3　山东青岛铁道大厦被爆破

图 5-4　沈阳五里河体育场被爆破拆除

二、　绿色建筑材料的选用

（一）选择绿色建筑材料

绿色建材除了达到产品标准、满足设计要求外，在选用时应符合以下五个原则：一是节约资源。符合国家的资源利用政策，选用生产过程中单位产品消耗资源量少的建材产品；选用耐久性好、使用寿命长的建材产品；优先选用可回收再用或再生的建材产品；尽可能选用、利用以废弃物为原料生产的建筑材料；尽量选择使用过程中有利于节约资源的建材产品。二是节约能源。符合国家的节能政策，选用生产过程中单位综合能耗更低的建材；选用有助于降低建筑运行能耗的建材产品。三是保护生态环境。选用在生产、运输、使用和废弃的过程中对生态环境造成不利影响较小的建材产品；选用具有改善环境的生态功能性建材产品。四是健康安全。选用在全寿命周期内对人体健康无害的建材产品；选用具有优化室内生态环境，不损害人体健康，有助于提升生活品质的建筑材料。五是构造得力、施工简单。选用构造做法可靠的建材产品；尽可能选用施工工艺简单的建材产品。

1. 选择绿色建筑常规材料

（1）生态环境友好型水泥

生态环境友好型水泥是利用各种废弃物，包括各种工业废料、废渣以及城市生活垃圾作为原燃料制造的水泥。它能降低废弃物处理的负荷，节省资源、能源，达到与环境共生的目的，是 21 世纪水泥生产技术的发展方向。目前，废弃物中对水泥工业最具挑战性的是城市生活垃圾，因其数量大且增长快而备受关注。与现行的填埋和焚烧炉回收二次能源等方法相比，各方面的专家，特别是环保专家都十分青睐水泥工业，对此寄予厚望。1997 年，日本秩父小野田公司以城市垃圾焚烧灰和下水道污泥为主要原料，生产出高强度水泥（原料中 70% 为废弃物，其中城市垃圾灰占 40% ~50%，另补充石灰石原料 20% ~30%），把城市垃圾变成了一种有用的建设资源。生产这种水泥的燃料用量与二氧化碳排放量都比生产普通水泥少得多，对保护生态环境具有重要意义。

用工业废弃磷石膏代替石灰石生产的水泥，也是一种有发展前途的、环境负荷很低的生态水泥，并可联产硫酸，实现资源的完全循环利用。磷石膏是在磷酸生产中用硫酸处理磷矿石，湿法萃取正磷酸的副产品，生产 1 吨磷酸，约排出 3 吨磷石膏。磷石膏是化学工业中排出量最多的废渣，目前我国年排放量在 1 000 万吨以上，以磷石膏代替石灰石生产水泥并联产硫酸的基本方法是：按硅酸盐水泥熟料成分要求，将磷石膏配以硅、铝质和铁质材料，在回转窑中煅烧，直至磷石膏中的硫酸钙分解，逸出的二氧化硫经收集以制取硫酸，窑内烧结产物即为水泥熟料。这种水泥在我国已实现工业化生产，以废弃磷石膏代替石灰石生产水泥并联产硫酸，是资源综合利用、发展循环经济的一个成功范例。

（2）低钙型水泥

低钙型水泥是通过改变水泥熟料矿物组成成分，提高硅酸二钙含量，降低硅酸三钙含量、石灰石在原料中的配合比以及煅烧温度，从而达到减少石灰石资源消耗、燃料消耗、二氧化碳排放的保护生态环境的目的。比较典型的低钙水泥是高贝利特硅酸盐水泥（HBC），其熟料中硅酸二钙的含量大于40%，具有较好的后期强度性能，但早期强度较低，能用其配制高性能混凝土。

（3）地质聚合物水泥

地质聚合物水泥或称矿物聚合物水泥、土聚水泥，是近年发展起来的新型无机胶凝材料。它是以高岭土为原料，经较低温度煅烧转变为偏高岭土，具有较高的火山灰活性，再与少量碱性激发剂和大量天然或人工硅铝质材料相混合，在低于150℃甚至常温条件下养护，得到不同强度等级的元水泥熟料胶凝材料。该水泥生产原料资源丰富、价格低廉，生产能耗低，基本不排放二氧化碳，十分有利于保护生态环境。这种水泥具有优异的力学、耐火及耐久性能，使得该水泥及其混凝土具有广阔的应用前景，将来有望成为硅酸盐水泥的替代产品。

（4）多孔植被混凝土

多孔植被混凝土根据其特点和功能，可概括为能够适应植物生长，可进行植被作业，具有恢复和保护环境、改善生态条件和防护作用等功能的混凝土及其制品。作为花草载体的主体结构，多孔混凝土一般是由粗集料、水泥和水拌制而成的一种多孔轻质混凝土。它不含细骨料，具有由粗集料表面包覆一层水泥浆体而相互黏结而成的，既有一定强度又具有孔穴结构均匀分布特点的蜂窝状结构，形状如"米花糖"，具有透气、透水和重量轻等特点，厚度约为100毫米，孔隙率达25%～33%。植生基材为混凝土表面上的薄层栽培介质和孔隙内的填充材料，这种土一般由草炭土、普通土壤按比例拌和而成，将营养成分与施播的种子置于其中，构成利于植物种子萌芽生长的初始环境。孔隙内蓄容的水分和养料，利于苗根须通过并扎根至混凝土底下适于植物生长的边坡土壤中，可预置缓释性肥料，有利于植物根系的长期生长。多孔植被混凝土基本结构见图5-5。

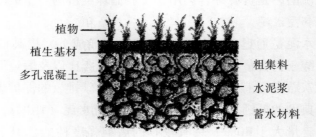

图5-5　多孔植被混凝土基本结构示意图

从多孔植被混凝土的结构可以看出，其在功能上较传统的护坡材料有很大不同，主要体现在以下几个方面：

第一，多孔植被混凝土不仅和普通混凝土一样具有较高的强度，还能像土壤一样种植多种植物，同时满足了结构防护和边坡绿化的需要，防护作用和环境效益非常好，与目前的边坡防护目标相一致。

第二，整体性好。多孔混凝土本身具有一定的强度，在植物生长起来后，植物根系和多孔混凝土的共同作用能使结构整体防护力提高2～3倍。

第三，保持土壤的能力强。多孔植被混凝土孔隙直径相对孔洞型护坡材料而言要小得多，因而对土壤的保持力好，孔隙内土壤不易流失。

第四，耐久性较好。多孔混凝土具有普通混凝土的特点，只要做适当处理，即可大幅度延长其使用寿命。

（5）透水性混凝土

透水性混凝土路面砖是采用特殊级配的骨料、水泥、外加剂和水等材料，经特定工艺而制成的。其骨料间以点接触形成混凝土骨架，骨料周围包裹一层均匀的水泥浆薄膜，骨料颗粒通过硬化的水泥浆薄层胶结成多孔的堆聚结构，内部形成大量的连通孔隙。在下雨或路面积水时，水能沿着这些贯通的孔隙通道顺利地渗入地下或存在路基中。

透水砖按组成材料可分为水泥透水性混凝土、高分子透水性混凝土和烧结透水性制品；按照透水方式与结构特征可分为正面透水型透水砖和侧面透水型透水砖。正面透水型透水砖的最大特点是透水系数较大，但耐磨性较差。侧面透水型透水砖的透水方式是由砖接缝处（侧面）渗入透水砖的基层，然后再渗入透水性地基中。侧面透水性透水砖的最大特点是耐磨性较好，相应的透水性差。正面和侧面透水型透水砖各有特点，可在不同场有所针对性地选用。从透水角度而言，正面透水型透水砖综合性能较好，尤其是复合层结构的正面透水型透水砖。

（6）吸声混凝土

据统计，机动车交通产生的噪声大约占噪声来源的1/3，尤其是高速道路交通流量大，车速快，在夜间对道路两侧的居民构成极大的干扰。吸声混凝土就是为了减少交通噪声而开发的，适用于机场、高速道路、高速铁路两侧、地铁等产生恒定噪声的场所，能有效地降低交通噪声，改善人们的出行环境以及公共交通设施周围的居住环境。

为了减少噪声，一般从抑制噪声源、控制噪声传递路径、隔声及吸声等几个方面寻求对策。吸声混凝土是针对已经产生的噪声所采取的隔声、吸声材料。吸声混凝土具有连续、多孔的内部结构，内表面积较大，并与普通的密实混凝土组成复合构造。多孔的吸声混凝土暴露在外，直接面对噪声源，入射的声波一部分被反射，大部分通过连通孔隙被吸收到混凝土内部，其中小部分声波由于混凝土内部的摩擦作用转换成热能，而大部分声波透过多孔混凝土层至背后的空气层和密实混凝土板表面再被反射，这部分被反射的声波从反方向再次通过多孔混凝土向外部发散。在此过程中，与入射的声波具有一定的相位差，由于干涉作用互相抵消一部分，对降低噪声效果明显。

吸声混凝土通常暴露在噪声环境下使用，要求吸声混凝土对从低声域到中、高声域频率的声波均具有吸收的能力，同时具有良好的耐久性、耐火性、施工性和美观性。吸声混凝土通常以普通硅酸盐水泥或早强硅酸盐水泥做原料，集料在满足吸声板强度要求的前提下，尽量选用施工性能良好的轻质骨料，包括天然轻集料和人造轻集料。例如，以硅酸盐水化物为基材的超轻质发泡混凝土，以粉煤灰陶粒、人造沸石为材料制造的轻集料等。

多孔混凝土吸声板或多孔混凝土层的厚度、表面粗糙程度等因素对所能吸收的声波频率都有影响。因此，吸声板的外形不仅影响其美观性，而且影响其吸声效果。通常其表面要做成凹凸交替的花纹，并且在多孔混凝土板的背后和普通混凝土板之间设置空气层，以增强吸声效果。

（7）长余辉蓄光釉面砖

长余辉蓄光釉面砖，是以低熔点发光玻璃釉料涂覆在以废玻璃、黏土为主要原料的已成型、预烧的建筑面砖上，经过一定温度烧制而成的。它被太阳光、日光灯或电灯等短时间照射后，可储存这些光源的能量，在黑暗处发出可见光。其发光亮度高，发光时间在人眼视觉可见亮度水平（0.32 毫坎德拉/平方米）上可持续 8 小时以上，是一种符合环保要求的新型建筑材料。长余辉蓄光釉面砖材料是一种优秀的节能材料，具有节约能源、保护环境、综合利用开发废弃物资源等优势。

该材料经短时间光照后，在黑暗中能稳定持久地发出柔和的光线，余辉时间比传统发光材料高 10 倍以上，并有优异的耐光性和耐久性，对人体无害，不具有任何放射性，在制备过程中不引入和产生有毒的化学物质。

（8）负离子环保瓷砖

负离子释放材料是一种能够改善环境污染的新型材料。通过加入负离子释放材料即电气石超细粉，制得能够在空气中释放较高负离子浓度的新型陶瓷产品。电气石是电气石族矿物的总称，化学成分较复杂，是以含硼为特征的铝、钠、铁、镁、锂的环状结构硅酸盐矿物，并含有微量铬、锰、钛、铯等对人体有益的元素。电气石自身具有电磁场，当温度和压力有微小变化时，即可使矿石晶体之间产生电势差（电压）。这种能量可促使周围空气中水分子发生电离，脱离出的电子附着于邻近的水和氧分子，使它们转化为空气中的负离子。通常负离子的发生是通过物理及化学方法产生的，传统的发生方式是采用负离子发生器，但因其消耗电能且电晕产生负离子的同时也会产生相应的氮氧化物及臭氧等有害气体，在使用上存在一定的局限性。

负离子通过人的神经系统及血液循环，能对机体生理活动产生影响，有利于健康长寿。其作用如下：

①负离子能使大脑抑制过程加强并调整大脑的功能，故具有镇静、催眠及降低血压的功效。

②负离子能使肝、肾、脑等组织的氧化过程加强，改善肝、肾及脑

功能，其中脑细胞对负离子最为敏感。

③负离子能使支气管平滑肌松弛，故能解痉。负离子进入血液，可使血沉变慢，凝血时间延长，还能使红细胞和血钙含量增加，减少白细胞和降低血糖，并减少疲劳肌肉中乳酸的含量。

负离子环保陶瓷材料具有较强的抗水浸泡能力和较好的物化性能，可用于水的净化处理，满足日常生活需要。能用于卫生间、桑拿房等直接关系人体健康的环境。

（9）金属中空复合板

金属中空复合板由金属板、塑料中空板、金属板的三层结构构成，其中面板可采用铝、钛锌合金、铜等不同金属材料。应用在大型体育、会议场馆屋面、幕墙上，既美观、耐久又达到了保温节能的标准。

（10）可监测结构的新型智能涂料

新型智能涂料中含有一种称为 PZT 的细微压电材料晶体，当这种晶体受到拉伸和挤压时，可产生与所受外力成比例的电信号，通过分析这些电信号，就可以了解建材的疲劳程度。桥梁和钻井平台等建筑因振动会产生疲劳裂纹，常可导致灾难性后果。因此，及时监测建材的疲劳程度，对确保建筑安全具有重要意义。其做法是先在金属构件上涂覆这种涂料，上面再覆盖一层导电涂层，然后在涂层上加上电压，使涂料中的晶体与构件表面形成正确的角度，以便构件无论从什么方向受力，涂料都可产生相应的电信号。在导电涂层和金属构件之间加入电极，当敲击金属构件时，即可检测到智能涂料因构件振动而产生的电信号，敲击的力度越大，产生的电信号越强。这种新型涂料为检测构件振动提供了一种简便易行的新方法。利用这种涂料，就可在建筑构件的整个使用期限内，通过监测构件的振动，计算出它们的疲劳程度，及时了解构件的质量，还可在此基础上建造出更轻、更便宜、更优雅的建筑。

2. 绿色建筑循环再生材料

再循环材料可分为工业后再循环材料、消费后再循环材料和农业废弃物再循环材料。工业后再循环材料指从工业生产的固体废弃物流中分离或重新获得的从未进入过消费市场的材料。消费后再循环材料指那些为消费者提供了使用价值后从废弃物中回收的材料。农业废弃物再循环材料指从农业废弃物中分离出来的材料，如小麦、稻谷、裸麦、豆秆、甘蔗渣、玉米秆、大麻、洋麻、稻壳、亚麻片、向日葵、种子壳等，可作为建筑和家具材料。

（1）HB（环保）复合板

HB 复合板是利用废弃的纸塑复合材料或水泥包装袋等复合而成的色彩艳丽、性能指标达到或超过木质人造板的新材料。

目前生产 HB 复合板 50% 的原材料采用消费后的废弃物，50% 来源于利乐公司的包装材料生产线。这种无菌软饮料复合包装自 1983 年进入中国市场以来，正以每年递增 50% 以上的速度占领市场，在超市、地铁站、公园等公共场所均可见其丢弃物，现在国内年销售量已达到 30 亿包左右。这种材料采用纸、塑、铝箔七层复合，具有极好的强度和防水性，但是由于不具有可行的再循环生产技术而无人回收，所以它被我们视为一种高质量的废弃物来源。由于 HB 复合板是利用回收的复合包装材料制成的，因此不仅取得了经济效益，而且减少了木材消耗。据统计，一条中型的 HB 复合板生产线每年能够消化 1 200 吨以上的废弃包装物，相当于节省木材约 6 000 立方米。

HB 复合板性能超过人造板，其防火性能好、无甲醛释放、绝缘性好，加温后可变塑成型，表面易装饰，可再生利用。

HB 复合板在建筑、家具、装饰、玩具和音箱等制造领域具有较大的市场潜力。

（2）木塑复合板

木塑复合板是将植物秸秆和木材下脚料等木质纤维材料与废塑料混合在一起，然后把它置于专用的模具内，在高温高压条件下，经特殊加工工艺而紧密结合形成的新型木塑复合材料。约 98% 的原料为再生材料。

废旧塑料有聚乙烯（PE）、聚丙烯（PP）、聚苯乙烯（PS）、聚氯乙烯（PVC），植物秸秆有木材下脚料、锯末、麦秆、稻壳、稻糠粉、花生壳等。例如稻糠粉废 PE 塑料复合的木塑复合板材，是以 60% 的稻糠粉与 40% 的废 PE 塑料复合而成的，木塑复合板的技术性能为：抗拉强度 5.8 兆帕，纵向抗压强度 26.5 兆帕，抗弯强度 20.0 兆帕，抗弯弹性模量 1 480 兆帕，板面握钉力 1 940 牛，侧面握钉力 1 550 牛，含水率 3%～5%，24 小时吸水率 0.36%，表观密度 1.18 克/立方厘米，端面硬度 118 兆帕，最大厚度膨胀率 0.28%，冲击韧性 10.1 千焦/平方米。

木塑复合板材兼有木材和塑料两种材料的成本和性能优点，产品具有以下特点：

第一，无木材制品缺陷，如节疤、斜纹理、腐蚀和各向异性等，产品不需油漆，不污染环境，可回收再利用，可按用户需要配色调色，可清洗，维护方便。

第二，抗紫外线，防蛀、防腐、防水，耐候性优，不长真菌，抗强酸强碱，适于室外的休闲、体育以及近水景观等场所。

第三，制品表面光滑、平整、坚固，并可压制成企口形、立体图案等，无须进行复杂的二次加工，加工简单，可以刨、钉、拧及敲击，也可以粘贴、胶合和用螺钉及细木工法加工。

第四，机械性能好，价格便宜。

木塑复合板材具有耐腐蚀、不翘曲、维修方便、外观与木材非常相似的优点。因此，把木粉填充混合加工成为建筑和结构用型材已成为目前塑料挤出行业中最为常用的方法之一。回收废旧塑料、植物秸秆、木材下脚料等是对资源的再利用，可以有效地减少木材用量，保护森林。

木纤维和植物纤维来源充足，质轻价廉，对设备磨损小，制成品尺寸稳定，电绝缘性好，可反复加工，无毒，且能生物降解，对自然环境不会造成污染。以木塑复合材料来代替木材不仅可减少对木材的需求量，节约森林资源，而且可缓解白色污染日益严重的问题。符合科学发展观和可持续发展的要求，符合建设节约型社会和发展循环经济的要求，具有广阔的发展前景。其应用包括：

一是建筑材料。如室内外各种铺板、栅栏、建筑模板、隔墙隔声板、活动房屋、防潮隔板、楼梯板、扶手、门窗框、站台、水上建筑、路板等；汽车上的门内装饰板、底板、座椅靠背、仪表板、座位底板、顶板等。

二是室内装饰。如各种装饰条、装饰板、镜框条、窗帘杆、窗帘圈及装饰件、活动百叶窗、天花板、壁板等。

三是园林材料。如室外桌椅、庭院扶手及装饰板、花箱、露天铺地板、废物箱等。

四是包装运输材料。如各种规格的运输托盘和出口包装托盘，仓库铺垫板、各类包装箱、运输玻璃货架等。

（3）砂基透水砖

砂基透水砖以内蒙古大沙漠中的风积沙为原料，采用独特的工艺加工、黏合、压制而成，加工过程不需烧制，是一种有益于生态环保的节能型新材料，具有强度高、可塑性强、用途广泛、透水性好、吸声固尘、抗冻融性好、耐磨、防滑等特点。砂基透水砖优良的透水性不是靠颗粒间缝隙渗水，而是通过破坏水的表面张力来实现。砖体内有大量孔径小于灰尘直径的毛细管，在透水的同时还能起到过滤净化作用。由于砖的原料全是普通的沙子，与传统的地砖相比，无须黏土和水泥，常温能固结成形，不需要耗费能源。当透水砖使用寿命到期后，只需消耗少量能源，便可把旧砖变成沙子，再制成新砖。

主要技术特点：

第一，通过破坏水的表面张力透水，具有速度快、时效长的优点，表面细密，达到微米级，透水、过滤、净化雨水同步，接通地气，融雪防滑，小雪不积雪，大雪不结冰。

第二，防滑、耐压、耐磨。

第三，97％的骨料为沙漠中的风积沙，变废为宝，化害为利，且可再生循环利用。"鸟巢""水立方"和奥运村等新建筑周边都采用了砂基透水砖。

（4）废纸和废弃物的利用

以废纸为原料制成的豪华立体浮雕装饰板，具有平整光滑、强度高、重量轻、防水（水煮6小时不膨胀）、阻燃（900℃不燃烧）、耐酸碱腐蚀、可锯可钉、可刨可贴、可厚可薄、可软可硬的特点，是众多板材中最适合加工和生产家具板、豪华浮雕门板、墙裙板、包装品等的代木产品。

利用废弃的CD光盘做成城市雕塑，既解决了环境污染问题，又为城市添加了几分与众不同的魅力，可谓一举两得。利用废纸屑、废弃的饮料包装纸盒做成的装饰与家庭摆设也异曲同工。

（5）再生集料的应用

各种建筑垃圾的大量产生，不仅给城市环境带来了极大的危害，而且为处理和堆放这些建筑垃圾需要占用大量宝贵的土地。欧盟废弃混凝土的排放量从 1980 年的 5 500 万吨增加到了 2010 年的 16 200 万吨。我国虽然没有详细的统计资料，但建筑垃圾的排放量也在不断增长。如果不加以利用，对于中国这个人均占地面积较少的国家来说，将是一个极大的负担。

绿色环保混凝土多孔砖就是将建筑垃圾（如拆除旧房产生的碎砖、碎混凝土、碎瓷砖、碎石材等和新建筑工地上的废弃混凝土、砂浆等各种建筑废弃物）制成再生集料，然后混合胶凝材料、外加剂、水等，通过搅拌、加压振动成型、养护而成的可广泛应用于各种建筑的新型材料。利用再生集料，不仅有利于保护城市环境、节省土地资源，而且可节省大量的砂石资源，对于人均占地和资源相对贫乏的中国来说极为重要。

3. 绿色建筑乡土材料

（1）麦秸板

麦秸板是以麦秸为原料，加入少量无毒、无害的生态胶粘剂，经切割、捣碎、分级、拌胶、铺装成型、加压、锯边、砂光等工序制成的建筑材料。胶粘剂以改性异氰酸脂胶（MDI）为主。我国小麦种植面积广，麦秸年产量达到 1 亿多吨，如果用这些麦秸做原料，则可生产约 1 亿平方米的板材。麦秸板具有重量轻、坚固耐用、防蛀、抗水、机械加工性能好、无毒等特点，可广泛用于家具、包装箱、建筑模板、建筑装饰、建筑物的隔墙、吊顶及复合地板等，为代替木材和轻质墙板的理想材料，是一种新型的绿色建材。

（2）硅钙秸秆轻体墙板

硅钙秸秆轻体墙板是以秸秆和工业废渣为主要原料的新型绿色建材。以农作物秸秆为主要原料，配以加强材料和黏合材料，在反应池里经过物理反应和化学反应，脱模后自然凝固。整个工艺流程没有废水、废气、废渣排出，而且原材料充足广泛，容易采集，生产工艺先进，产品优势突出，省电、省水、节约能源。

该产品具有防火、防潮、耐压、抗震、无毒无害、节约空间、隔声、安装运输方便、可减轻劳动强度等优点，能降低 10% 的工程总造价。其环保效益更为明显：一是保护耕地，代替红砖，减少因烧窑制砖造成的耕地破坏和环境污染；二是综合利用秸秆，避免秸秆废弃物失火造成的事故和环境污染；三是在生产过程中不会造成二次污染。可替代木材、石膏、玻璃钢等其他建材，广泛应用于建筑内墙设置。

（3）石膏蔗渣板

甘蔗渣是甘蔗压榨后的纤维性茎秆物质，同样也是有待解决的固体废物。我国南方产蔗区有丰富的甘蔗渣资源，据统计，云南省每年副产甘蔗渣约350万吨。甘蔗渣一般含10%～20%的水分，木质素约含20%。甘蔗渣的主要成分是纤维素、半纤维素、木质素等，其成分与木质材料相差不多，可以作为替代部分木材的原料。用甘蔗渣生产人造板是目前利用甘蔗渣最直接、最有效的途径，主要产品有石膏蔗渣板、中密度纤维板、纤维石膏板和纤维板等。

（4）草砖

草砖是由干燥的稻（麦）茎秆，经机械整理、冲击、挤压后形成一层薄片结构，然后用麻绳或铁丝打包成块状而成。当草放进草砖机后，每一次的打压，会将草压成一层层薄片或者是将其压成捆。一块草砖，就是由用铁丝或麻绳紧紧捆在一起的许多薄片组成的。

理想的草砖主要由小麦、大麦、黑麦或稻谷等谷类植物的秸秆制成，这些秸秆必须不带穗条，形状结构须紧凑且湿度不得超过15%，由14号铁丝或尼龙绳通过捆扎机将其紧紧打成块。复层草砖通常长89～102厘米、宽46厘米、高35厘米，因此，制作草砖的秸秆长度不得低于25厘米。草砖房结构必须考虑到所要使用的草砖的规格，尤其是高度和宽度。

用草砖做墙体的建筑，在结构上安全可靠，抗震性能强，保温性能好。根据实时监测，新建草砖房冬天室内温度比普通黏土砖房高3.04℃～3.91℃，每户每年节约取暖燃煤50%。草砖具有成本低，能够减少农村地区黏土砖的使用，保护环境和耕地，建造技术简单易学的优点。

（5）稻壳生产的建材

稻壳是一种含硅量高的纤维材料，其典型组成结构为：纤维素38%、木质素22%、灰分约20%、戊糖18%、其他有机物约2%。稻壳灰是稻壳燃烧后产生的灰分，占稻壳重量的16%～20%，每千克稻壳燃烧放出约 15 900 千焦的热量。稻壳灰的物理化学性能主要取决于稻壳的燃烧温度及燃烧时间。稻壳断面为波纹状的纤维层状结构，二氧化硅主要集中在稻壳的外表皮，只有少量在内表层，并且按一定的规律排列。稻壳灰富集了稻壳中的硅，其二氧化硅含量达 90% ～95%，成为硅的一个新的重要来源。稻壳燃烧后，其结构仍保留下来，形成多孔的层状结构。稻壳灰具有结构疏松、熔点高、活性好、反应能力强等特点。

利用稻壳灰生产保温砖，方法是以稻壳灰为主要原料，掺入适当黏结剂等其他辅助原料，经混合搅拌、成型、干燥、焙烧而成。用稻壳灰生产的保温砖具有外观洁白、重烧线收缩小、高温导热系数低等特点。

稻壳水泥混凝土是以稻壳为骨料，108 建筑胶为稻壳的裹覆剂，水泥为黏结剂和增强剂，使得稻壳黏结成密实的整体。稻壳水泥混凝土的表观密度为 800 ～1 300 千克/立方米，重量轻，导热系数为 0.23 瓦/（平方米·度），保温性能好，强度较高，抗冻性能好，是一种价格较便宜的、适用范围较广的室内外轻混凝土保温材料。

利用稻壳灰生产水泥的主要途径为将其与硅酸盐水泥或者石灰混合，分别制成稻壳灰水泥、稻壳灰—石灰无熟料水泥。将稻壳灰作为一种火山灰质的胶凝材料用于生产水泥，充分利用了稻壳的热能，增加了水泥生产的来源。

以稻壳为原料的天然硅涂料，稻壳含硅量达 95% 以上。硅既有优良的防腐性能与防远红外线性能，又有良好的吸湿和放湿性能。该涂料系由稻壳经烧制、研磨微粉化，制成 300 微米的粉末涂料，作为头道涂料使用。

4. 绿色建筑特殊功能材料

（1）光自洁材料

光自洁材料即在阳光的照射下具有自我清洁功能的一大类材料的总称。它们的自我清洁能力主要来源于材料表面所含的纳米光催化剂，一般为二氧化钛。二氧化钛膜光照前后具有两亲性（亲水性与亲油性）。通常情况下，二氧化钛薄膜表面与水的接触角约为 72°，经紫外光照射后，接触角降低到 5° 以下甚至可达到 0°，水滴可完全浸润表面，显示超强的亲水性。停止光照后，表面超亲水性可维持数小时到 1 周左右，随后慢慢恢复到光照前的疏水状态。再用紫外光照射，又可表现为超亲水性，即采用间歇紫外光照射就可使其表面始终保持超亲水状态。利用二氧化钛表面的超亲水性可使其表面具有防污、防雾、易洗、易干等特性。目前，国际市场上已有多种以光催化剂为基础的产品，人们利用它们来抗菌、除臭、防雾、自清洁和净化室内空气。

光自洁材料的自洁性能主要从两方面体现，即自洁材料表面的光催化剂所具有的光催化降解有机污染物的能力和自洁薄膜的光致超亲水性。二者相互协作，从而使得自洁材料达到较好的光自洁效果。

二氧化钛被普遍认为是最佳光催化剂。瑞典和芬兰联手发起了价值170万美元的联合计划，以开发涂有二氧化钛的水泥和混凝土。在日本，数座现代化大楼的外墙就贴上了这种光催化瓷砖，以消除污染物。在罗马，千禧教堂也由自洁混凝土建成，以保持教堂外观亮白。在米兰市的郊外，用光催化混凝土所铺的约为7 000平方米的路面，使路面上氧化氮减少了60%。在法国，用光催化混凝土建造的墙壁比用普通混凝土建造的墙壁更能防止氧化氮的污染，前者比后者的氧化氮水平要低20% ~80%不等。

（2）产生负离子的材料

负离子指的是带负电荷的原子或原子团。负离子发生材料就是能产生负离子的材料。

空气中的正离子多为矿物离子、氨离子等，负离子多为氧离子和水合羟基离子等。正离子会从其他元素的原子中夺取稳定的电子，产生氧化作用。反之，负离子会把多余的电子给予其他元素的原子使之性能稳定，产生还原作用。氧化作用会使金属腐蚀、食品腐败和人体衰老，而还原作用能防止金属氧化腐蚀、延长食物的保鲜时间和帮助人体恢复健康。负离子对正离子的中和作用，可以达到除臭、除尘、防腐、抗菌、保鲜、空气净化的效果。可以释放负离子的矿石晶种如表5-1所示。

表5-1 可以释放负离子的矿石晶种

名称	组分及特征
电气石	$(Na，Ca)(Mg，Fe)_3B_3Al_6Si_6(O，OH，F)_3$的三方晶系硅酸盐
奇冰石	主要含硼、少量铝、镁、铁、锂的环状结构的硅酸盐

（续上表）

名称	组分及特征
蛋白石	含水非晶质或胶质的活性二氧化硅，还含有少量氧化铁、氧化铝、锰和有机物等硅酸盐
古代海底矿物层	以硅酸盐、铝和铁等氧化物为主要成分的无机系多孔物质

（3）空气净化材料

由室内装饰装修材料带来的甲醛、苯系物、氨、氡等污染物引发的"建筑物综合征"，其表现形式有头痛、头晕、咳嗽、眼睛不适、疲倦、皮肤红肿等症状，已受到人们的高度重视，人们越来越青睐健康环保的产品，特别是那些同时具有净化空气功能的产品更是受到人们的喜爱。

二氧化钛具有强大的氧化还原能力，具有抗化学和光腐蚀性、无毒、催化活性高、稳定性好以及抗氧化能力强等优点。为提高二氧化钛光触媒的降解效率，可通过掺杂、晶型控制、不同半导体材料复合等技术提高催化效率。不同净化材料除甲醛的效果见表5-2。

表5-2　不同净化材料的除甲醛效果

序号	净化材料	24小时后甲醛/ppm	去除率（%）
0	空白	2.33	—
1	负离子光触媒	0.75	67.8
2	氮掺二氧化钛光触媒	0.8	65.6
3	稀土掺二氧化钛光触媒	1.1	52.7
4	半导体复合光触媒	0.48	79.4

三、 绿色建筑节材技术

目前，较为可行的建筑节材技术主要在三个层面实行：绿色建筑节材设计、绿色建筑工程材料节材应用、绿色建筑节材施工。

（一）绿色建筑节材设计

1. 尽可能地减少建筑材料的用量

实现建筑所耗资源最小化的最简单直接的途径就是从根本上减少建筑材料的用量。

《绿色建筑评价标准》（GB/T 50378—2006）要求建筑造型要素简约，无大量装饰性构件。在设计中应控制并减少建筑造型要素中没有实用功能作用的纯装饰性构件，避免以较大的资源消耗为代价而达到建筑的美观或艺术效果。这些纯装饰性构件如不具备遮阳、导光、导风、载物、辅助绿化等作用的飘板、格栅和构架等，且作为构成要素在建筑中大量使用；或者不符合当地气候条件，也无节能效果的双层外墙（含幕墙），尤其面积超过外墙总建筑面积的20%时；再者，当女儿墙高度超过规范要求的2倍以上时，或者只为单纯追求标志性效果，而在屋顶等处设立其他如球、曲面等异形构件。在一般公建的艺术体现手法上，应更多着眼于功能性构件，将实用性和标志性相结合，并赋予其更多的文化和艺术意蕴，以此来展现公建特有的魅力。又如北京中银大厦的设计手法，该设计在其室内、外装修形式上均未特意设置装饰构件，而是以建筑体形、材料的质感以及精致的细部处理来体现其艺术感染力。

2. 尽可能地采用工厂化生产的标准规格预制成品

首先，一般工厂化生产的作业条件容易控制，可以确保在结构工程和装饰工程中产品的高质量；其次，预制构件的精度更高，更容易控制施工精度，提高施工质量；再次，预制构件安装速度快，可以缩短施工工期；最后，预制构件可重复使用，从而减少对自然资源的需求和耗费。此外，一般工厂化的标准预制品的制作能耗通常都低于需特别制作的产品如异形构件，而且更易于采用各种可更新资源进行生产。但是，在建筑中大量采用预制构件，特别是预制混凝土构件，也有不少的矛盾需要解决。

3. 以结构体系优选来促进建筑节材

不同类型和功能特点的建筑，采用不同的结构体系和材料，对资源、能源消耗量及其对环境的冲击存在显著差异。绿色建筑应从节约资源和保护环境的要求出发，在保证安全性和耐久性的前提下，突出因地制宜的原则，根据建筑的类型、用途、所处地域和气候环境的不同，尽可能地选用钢结构体系、砌体结构体系、木结构体系和预制混凝土结构体系或其他结构体系，以达到《绿色建筑评价标准》（GB/T 50378—2006）中所要求的资源消耗少和对环境影响小的目标。

其中，钢管混凝土结构承载力高、抗震性能好且施工便捷、可节约钢材，这些突出的绿色优势使得钢管混凝土结构在高层和超高层建筑中得到了日益广泛的应用，并将成为高层和超高层建筑群中最为实用和主要的结构形式。

4. 从节材角度进行方案的优化设计

在建筑结构设计中，对不同方案进行优选并应用新工艺、新材料和新设备对优选方案进行再优化，如对基础类型选用、进深和开间的确定、层高与层数的确定以及结构形式的选择等进行技术经济方面的分析。据统计，在满足同样功能的条件下，进行方案优化设计可降低工程造价的10%，有的甚至可达20%。

（二）绿色建筑工程材料节材应用

1. 尽可能采用绿色建材

建筑材料中有害物质含量应符合现行国家标准《室内装饰装修材料人造板及其制品中甲醛释放限量》（GB 18580—2017）、《混凝土外加剂中释放氨的限量》（GB 18588—2001）和《建筑材料放射性核素限量》（GB 6566—2010）的要求。

2. 使用耐久性好、易替换、维护量小的建筑材料

建筑材料的耐久性以及替代和表面修复能力是影响建筑物全寿命周期的重要因素。建筑材料的耐久性好，意味着建筑材料的全寿命周期相对较长，也就是说，在一定时期内所需要的建筑材料较少，相应地可减少固体垃圾的产生。此外，一般来说，耐久性好的建材造成的室内污染也会少。建筑材料的易替换特性和较高的表面修复能力，意味着建筑物的维护性好。经简单的修补或更换材料后，可延长建筑物的正常使用寿命。

3. 尽可能地使用生产能耗低的建筑材料

一般来说，加工越细致和制造过程越复杂的产品和材料通常要在生产过程中消耗更多的资源。应尽可能使用可大幅度减少建筑能耗的建筑材料，采用具有轻质、高强、防水、保温、隔热、隔声等功能的新型墙

体材料，以提高建筑的热环境性能，降低建筑的运行能耗。如在建筑物的外围护结构体系中，采用高效保温材料建造复合墙体和屋面；对在建筑能耗中占很大比重的外窗的选用上，以通过改进外窗结构形式和使用特种玻璃来降低冬季的失热量和夏季的得热量，同时不影响外窗的采光功能。

4. 使用具有高效优异使用功能的建筑材料

使用具有高效优异使用功能的建筑材料可减少材料的消耗量和使用量，如高性能混凝土、轻质高强混凝土。

5. 尽可能地采用可循环使用的建筑材料

采用由可再生、可降解原料制成的建材产品及可循环使用的建筑构件和材料可以节省自然资源，减少固态垃圾的产生，降低生产过程中的能源消耗。在《绿色建筑评价标准》（GB/T 50378—2006）中要求在建筑设计选材时需考虑材料的可循环使用性能。在保证安全和不污染环境的情况下，可再循环材料使用质量占所用建筑材料总质量的10%以上。

（三）绿色建筑节材施工

在建筑施工的过程中，贯彻绿色施工的理念，既要尽可能地减少建筑材料的浪费，实现建筑垃圾的减量化、无害化、资源化和循环化利用，并推行建筑的精装修以避免重复建设与耗材浪费，还应尽量就地取材。《绿色建筑评价标准》（GB/T 50378—2006）中要求施工现场500千米以内生产的建筑材料质量占到建筑材料总质量的60%以上，以减少运输过程中造成的损坏与浪费。具体做法如下：

一是优化施工方案，选用绿色建材，积极推广新材料、新工艺，促进材料的合理使用，节省实际施工材料的消耗量。

二是根据施工进度、材料周转时间、库存情况等制订采购计划，并合理确定采购数量，避免采购过多，造成积压或浪费。

三是选用耐久性好的周转材料并进行保养维护，延长其使用寿命。按照材料存放要求对材料进行装卸和临时保管，避免因现场存放条件不合理而导致浪费。

四是制订科学可行的材料预算方案，并依照施工预算，实行限额领料，严格控制材料的消耗。

五是施工现场应列出可回收再利用物资清单，制定并实施可回收废料的回收管理办法，提高废料利用率。

六是根据场地建设现状调查结果，对现有的建筑、设施再利用的可能性和经济性进行分析，合理安排工期，利用拟建道路和建筑物，提高资源再利用率。

七是建设工程施工所需的临时设施（办公及生活用房、给排水、照明、消防管道及消防设备）应采用可拆卸、可循环利用材料，并在相关专项方案中列出回收再利用措施。

八是对建筑垃圾实行分类处理，实现建筑垃圾减量化和无害化。将建筑施工、旧建筑拆除和场地清理时产生的固体废物分类处理，并将其中可再利用材料、可再循环材料回收和再利用。具体做法如下：

①对所有废弃物实行分类管理，将废弃物分为可回收利用的无毒无害废弃物、不可回收的无毒无害废弃物、有毒有害废弃物三类。

②对废弃物进行标识，同时设置统一的废弃物临时存放点，配备收集桶（箱），以防止流失、渗漏、扩散。

③办公区域和食堂垃圾每日由清洁员进行清理、收集。有毒有害废弃物送固体废物回收中心进行处理；可回收无毒无害废弃物（纸类、塑料类、瓶罐类）由清洁员统一收集，定期送废品回收站，生活垃圾送环卫部门进行处理。

④现场施工垃圾采用层层清洁、集中堆放、专人负责、统一搬运的方法处理。对于可回收垃圾如钢筋头、金属材料、木模板、木方等，按累积数量定期回收送废品站；无毒无害废弃物如碎混凝土块、隔墙碎块等，每日由专车运至垃圾消纳地点；有毒有害废弃物如废涂料桶、涂料、防水卷材边角料等，由厂家回收。

此外，精装修模式的建筑在建设过程中可进一步提高建筑的节材水平。中国一步到位的精装修住宅不足中国住宅年开发量的10%，而发达国家精装修住宅比例则占到开发量的80%以上。每年我国住宅装修造成的浪费高达3 000亿元人民币。因此，《绿色建筑评价标准》（GB/T 50378—2006）中要求土建与装修工程一体化设计施工，不破坏和拆除已有的建筑构件及设施，避免重复装修。建筑精装修是指房屋交钥匙前，按照住宅的功能和等级要求，完成所有功能空间的固定面的铺装或粉刷，完成厨房和卫生间的基本设备安装，这样的住宅也称为精装修住宅。由专业的装修施工队伍对住宅进行精装修，可以按照工厂化流程管理，基本实现无零头料，材料损耗率可控制在2%以内，较现场施工相比可降低损耗率75%以上。此外，一次性装修到位，在减少污染、避免资源浪费的同时也更有效地保证了住房的质量和建筑的全寿命周期。

（四）建筑材料的资源化利用

材料的资源化利用分为再生利用和循环利用两种。再生利用是指在不改变回收建筑材料形态的前提下进行材料的直接再利用，或经过再组合、再修复后再利用。可再生利用的建筑材料如砌块、砖石、管道、板材、木制品、钢材、钢筋、部分装饰材料等。循环利用是指改变了建筑材料的性状，作为一种新材料在工程中使用。如对于砂石等固体废弃物可以加工成各种墙体材料。可循环利用的建筑材料有金属材料（如钢材、铝材、铜等）、玻璃、石膏制品、木材等。

1. 建筑材料资源化利用的基本原则

（1）使用能充分利用绿色能源的建筑材料

利用太阳能发光发电的装置或材料，如透光材料、吸收涂层、反射薄膜和太阳能电池中的特种玻璃，具有高透光率、低反射率、高温不变形等特性。

（2）尽可能选用利用各种废弃物生产的建筑材料

充分利用可再生材料和可循环利用材料，可以延长尚存使用价值的建材的使用周期，减少生产加工新材料所带来的资源、能源消耗和环境污染，对实现建筑的可持续性有重大意义。《绿色建筑评价标准》（GB/T 50378—2006）中要求在保证性能的前提下，使用以废弃物为原料生产的建筑材料，其用量占同类建筑材料的比例不低于30%。可实现资源化利用的废弃物有建筑垃圾、废弃混凝土、废玻璃、废塑料、废橡胶轮胎、工业废渣、生活垃圾等。

2. 绿色建材的资源化利用技术

（1）建筑垃圾中固体废弃物的综合利用

《绿色建筑评价标准》（GB/T 50378—2006）中要求将建筑施工、旧建筑拆除和场地清理时产生的固体废弃物分类处理并将其中可再利用材料、可再循环材料回收和再利用。建筑垃圾中的可再生资源主要包括渣土、废砖瓦、废混凝土、废木材、废钢筋、废金属构件等。对建筑垃圾的资源化利用，可分为三类。一是低级利用，如回填利用，用于路基加固等；二是中级利用，如生产再生骨料、再生砌块、再生沥青等；三是高级利用，如生产再生水泥等。我国目前以中级利用方式为主。

建筑垃圾中，废弃混凝土的利用方式为将其破碎后作为再生集料生产 C30 及以下强度等级的现浇混凝土及预制混凝土制品，实现混凝土材料生产自身的物质循环闭路化。这样既解决了天然集料资源紧张的问题，利于集料产地的环境保护，又可减少城市废弃物的堆放、占地和环境污染问题。涉及的主要生产工艺流程为：

骨料：进料→筛分→破碎→分选筛分→2～3 次破碎→多层筛分→分级原料（0～5 毫米、5～16 毫米、5～20 毫米、5～31.5 毫米）。

制品：进料→混合搅拌→成型→养护→成品。

现浇混凝土：分现场搅拌和搅拌站预拌生产两种，生产工艺参考现行《预拌混凝土》（GB/T 14902—2012）等国家标准执行。

利用废弃建筑混凝土和废弃砖石生产粗细骨料，可用于生产相应强度等级的混凝土、砂浆或制备诸如砌块、墙板、地砖等建材制品。粗细骨料添加固化类材料后，也可用于公路路面基层。不能直接回收利用的废砖瓦经过破碎等工艺处理后，可用于生产再生砖、砌块、墙板、地砖等建材制品以及低层建筑的承重墙和建设工程的非承重结构。再生古建砖可用于仿古建筑的修建。其生产工艺和设备较简单、成熟，免烧结，产品性能稳定，市场需求量大。据测算，1 亿块再生砖可消纳建筑垃圾 37 万吨，涉及的主要工艺流程为：

原料：进料→筛分→破碎→筛分→二次破碎→双层筛分→合格骨料。

制砖（砌块）：进料→混合搅拌→压制成型→自然养护→成品。

建筑垃圾中的渣土可用于筑路施工、桩基填料、地基基础等。

对于废弃木材类建筑垃圾，尚未明显破坏的木材可以直接再利用，破坏严重的木质构件可作为木质再生板材的原材料或造纸等。

废弃路面沥青混合料可按适当比例直接用于再生沥青混凝土。

废钢材、废钢筋及其他废金属材料可直接再利用或回炉加工。如北京 LG 大厦在工程施工中利用短的钢筋头制作楼板钢筋的上铁支撑、地锚拉环等。

（2）工业废渣的综合利用

"九五"期间，我国工业"三废"综合利用产值达 1 247 亿元，年均增长 16.4%。随着工业废渣产生量的逐年增加，工业废渣的综合利用率也不断提高。据统计，我国固体废弃物综合利用率若提高 1%，每年将可减少约 1 000 万吨废弃物的排放。

工业废渣主要被利用于制作建筑材料和原材料。如粉煤灰主要用来生产粉煤灰水泥、加气混凝土、蒸养混凝土砖、烧结粉煤灰砖和粉煤灰砌块等。

（3）废塑料、废玻璃和废旧轮胎的利用

在废塑料中加入作为填料的粉煤灰、石墨和碳酸钙，采用熔融法制瓦，可变废为宝，实现资源化利用，同时可以消除"白色污染"。利用废聚苯乙烯经加热消泡后重新发泡，制成隔热保温的硬质聚苯乙烯泡沫塑料板材；或进一步与陶粒混凝土结合形成层状复合材料，并外用薄铝板包覆成铝塑板，完成对废塑料的循环利用。

废玻璃的资源化利用方式有再生利用和循环利用两种。简单的再生利用就是将建筑废玻璃回收并经简单净化处理后，其中干净无色的可以回炉再造平板玻璃或玻璃器皿；干净杂色的可以用作生产瓶罐的原料。一般加入 10% 的废玻璃，可节能 2%～3%。相较于再生利用，废玻璃主要是采用循环利用的方法进行再利用。其中，最简单直接的途径就是作为集料制成建筑材料。比如将废玻璃作为集料制造水泥混凝土或沥青混凝土；再如将废玻璃粉碎后与粗集料和水泥制成砌块、机砖或水磨石。

对废旧轮胎的处置利用除进行堆填处理和作为燃料焚烧来获取能量外，还可以对废旧轮胎进行回收利用。废旧轮胎整胎可用作加筋土挡墙、挡土墙、抗冲蚀墙、防噪板、防撞屏、防浪堤和人工礁。粉碎的轮胎料可作为轻骨料和砂石代用品等。碎橡胶则可用作混凝土配料、接缝密封料和减震制品。

第六章　绿色建筑的运营管理

一、 绿色建筑运营管理的基本要求

1. 建筑全生命周期的含义、评价及成本

（1）建筑全生命周期含义

美国哈佛大学教授雷蒙德·弗农（Raymond Vernon）最先提出了"产品生命周期"的概念，认为产品都有生命周期，该周期可细分为产品开发期、市场引入期、成长期、成熟期和衰退期。因此，可以将"全生命周期"通俗地理解为"从摇篮到坟墓"的整个过程，即包含孕育、诞生、成长、衰弱和消亡的一个全过程。目前，全生命周期的概念已广泛应用于经济、环境、技术等领域。

建筑的全生命周期可分为两个阶段，即建造阶段和使用阶段。一般设计建造过程为 2～3 年，建成后有一个 50～70 年的相对漫长的使用期，建筑使用寿命到期后，还可以通过检测、加固等手段延长其使用寿命。有些重要的、古老的建筑，其寿命已长达上百年甚至上千年，因此建筑的使用期在其全生命周期中占据了主要时间段，在这一时间段中，建筑对资源的消耗、对环境的影响值得我们关注。

所谓建筑全生命周期是指建筑从建材生产、建筑规划、设计、施工、运营管理，直至拆除回用的整个历程。

（2）建筑全生命周期评价

运用建筑全生命周期理论进行评估，对建筑全过程进行综合分析与统计，消耗的资源与能源应最少，对环境的破坏程度应降到最低，且拆除后废料应尽量回用。日本、美国和欧洲各国都长期坚持对建筑全生命周期理论的研究，形成了系统的基础数据资料和先进的理论方法。

全球环境问题日益突出，已严重威胁人类的可持续发展。目前，人们的环保意识普遍增强，全生命周期评价获得了前所未有的发展机遇，人们越来越重视对建筑全生命周期的评价。建材的获取、生产、施工和废弃都会对生态环境，如大气、水资源、土地资源等造成污染。以工程项目为例，利用数据库技术，对工程项目全生命周期各环节的环境负荷分布进行研究，可计算出该项目全生命周期中的耗能和造成的大气污染等参数，为工程项目节能、生态设计等提供基础性数据。

（3）建筑全生命周期成本

如果从全生命周期的角度来计算绿色建筑的成本，可将建筑规划、设计、施工、运营管理，直至拆除回用的整个历程的成本称为绿色建筑全生命周期成本。

能源消耗费、设备更新费、清洁费、一次性初投资建设费及修缮费在建筑全生命周期成本中的占比如表6-1所示。初投资建设费最低的建筑并不是全生命周期成本最低的建筑。为了提高绿色建筑的性能，可能会增加初投资建设费，但如果能大大节约长期运行费用，进而降低建筑全生命周期成本，并取得明显的环境效益，那么便是比较理想的绿色建筑。根据现有的经验，初投资建设成本增加5%~10%，利用可节约资源以及保护环境的新技术、新产品，将节约长期运行成本50%~60%。建筑全生命周期评估模式的出现，使得建筑规划、设计、施工及运营管理模式等方面发生了革命性的变化。

表6-1 建筑全生命周期成本统计

序号	1	2	3	4	5
项目明细	能源消耗费	设备更新费	清洁费	一次性初投资建设费	修缮费
成本比例（%）	27	23	20	15	15

2. 绿色建筑运营管理的要求

（1）绿色建筑运营管理的含义

一般建筑的运营管理主要是指建筑工程竣工后使用期的物业管理服务。包括给排水、燃气、电力、电信、安保、绿化、保洁、停车、消防与电梯管理，以及共用设施设备的日常维护等。绿色建筑运营管理在传统物业服务的基础上有所提升，要求坚持"以人为本"和可持续发展理念，从关注建筑全生命周期的角度出发，通过应用适宜的高新技术，实现节地、节能、节水、节材与保护环境的目标。

绿色建筑的运营管理策略与目标应在建筑的规划设计阶段就考虑并确定下来，在运营阶段实施，加以不断维护与改进。

（2）绿色建筑运营管理的特点

①采用建筑全生命周期的理论及分析方法，制定绿色建筑运营管理

策略与目标，最大程度节约资源（节地、节能、节水、节材），保护环境和减少污染。

②为人们提供健康、适用和高效的生活与工作环境。

③应用适宜的高新技术，实施高效运营管理。

（3）绿色建筑运营管理的目标

绿色建筑的最大特点是将可持续性和全生命周期综合考虑，从建筑全生命周期的角度考虑和运用"四节一环保"的目标和策略，才能实现建筑的"绿色"内涵，而建筑的运行阶段占整个建筑全生命周期的95%以上。可见，要实现"四节一环保"的目标，不仅要使这种理念体现在建筑规划、设计和建造阶段，而且需要提升和优化运行阶段的管理技术水平和模式，并在建筑的运行阶段得到落实。

在我国，建筑领域长期以来过多注重建筑的外观设计，而运行过程的技术管理则有待提高。"建筑是凝固的音乐"，只有运用合理、先进的运行管理策略才能赋之以生命，低水平的运行管理模式只会缩短建筑的寿命，更会造成建筑功能和资源的极大浪费。因此，针对我国当前的实际情况，要实现绿色建筑的目标，建立科学合理的运行管理策略，提高绿色建筑的运行管理水平是重中之重。随着我国从政策上对绿色建筑的推动和各种相关建筑技术的进步，建筑运营整体管理技术和水平已呈现更新和进步的态势。相关绿色建筑运营管理策略和技术的研究已经起步。围绕节约资源、环境友好、以人为本、运行高效的绿色建筑目标，研究探索绿色建筑运营管理策略，旨在引起业界对绿色建筑运营管理的重视，提升我国绿色建筑的建设运营水平，促进我国绿色建筑的推广应用。

（4）绿色建筑的运营管理理念

绿色建筑的运营管理理念即以人为本、环境友好、可持续发展、运用人工智能等高新技术开展运营管理，并贯穿于建筑全生命周期中。

3. 《绿色建筑评价标准》对建筑运营管理的指标要求

《绿色建筑评价标准》（GB/T 50378—2014）对建筑运营管理的指标要求体现在控制项指标、一般项指标、优选项指标三类指标上，具体如下：

（1）控制项指标

①制定并实施节能、节水等资源节约与绿化管理制度。

②建筑运营过程中无不达标的废气、废水排放。

③分类收集和处理废弃物，且收集和处理过程中无二次污染。

（2）一般项指标

①建筑施工兼顾土方平衡和施工道路等设施在运营过程中的使用。

②物业管理部门通过 ISO14001 环境管理体系认证。

③设备、管道的设置便于维修、改造和更换。

④对空调通风系统按照《空调通风系统清洗规范》（GB 19210—2003）的规定进行定期检查和清洗。

⑤建筑智能化系统定位合理，信息网络系统功能完善。

⑥建筑通风、空调、照明等设备自动监控系统技术合理，系统高效运营。

⑦办公、商场类建筑耗电、冷热量等实行计量收费。

（3）优选项指标

建立并实施资源管理激励机制，管理业绩与节约资源、提高经济效益挂钩。

二、 绿色建筑运营管理的构建

绿色建筑运营管理起着总体协调和控制关键技术的作用，其构建的重点在于为建筑提供高效节能的运行模式和舒适的室内外环境。

1. 节能、节水、节材管理

建筑的运营阶段是建筑交付使用、实现其功能的阶段，也是建筑全生命周期中历时最长、能耗最高、产生废弃物最多的时期。据统计，大部分建筑在这个阶段的能耗占建筑整个生命周期总耗能的 70%～80%，即使是最具能源效率的建筑物，运营阶段的耗能占比也为 50%～60%。在这个时期，由于部分材料与构件的使用寿命低于建筑整体寿命，再加上运行中的一些非正常损耗，使得建筑会产生表面损坏、技术系统故障、结构老化等问题，影响建筑正常功能的发挥，因而需要对其进行维护与整修，这些都会产生能源、资源与材料的再次消耗。由此可知，建筑运营阶段的资源与能源节约及环境负荷的降低是建筑实现绿色化的重要内容。

建筑运营阶段的资源与能源消耗主要产生于业主消耗与公共消耗，以业主消耗为主。

建筑在使用过程中，需要耗费能源用于建筑的采暖、通风、空调、电梯、照明等，需要耗水用于饮用、洗涤、绿化等，需要耗费各种材料用于建筑的维修等，对这些资源消耗的管理，是绿色建筑运营管理的重点之一。《绿色建筑技术导则》中对绿色建筑运营管理的有关资源管理提出了以下技术要求：

节能与节水管理：制定节能与节水的管理机制，实现分户、分类计量与收费，节能与节水的指标应达到设计要求。

耗材管理：制定建筑、设备与系统的维护制度，减少因维修带来的材料消耗，制定物业耗材管理制度，选用绿色材料。

（1）节能、节水、节材管理措施

节能应从每个人做起。物业服务企业应与业主共同研究管理模式，建立物业内部的节能管理机制。正确使用节能技术，加强对设备的运行管理，对节能指标进行考核，使节能指标达到设计要求。目前，已广泛采用节能智能技术，且效果明显，主要的节能技术如下：

①采用楼宇能源自动管理系统，特别是公共建筑。主要通过对建筑物的运行参数和监测参数的设定，建立相应的建筑物节能模型，用以指导建筑楼宇智能化系统优化运行，有效实现建筑节能管理。运用了能源信息系统（Energy Information System，EIS）、节能仿真分析（Energy Simulation Analyses，ESA）、能源管理系统（Energy Management System，EMS）。

能源信息系统即信息平台，集合建筑设计、设备运行、系统优化、节能物业服务和节能教育等信息。节能仿真分析，即利用设计节能和运行节能评估报告，对建筑节能模型进行精确描述，提供定量评估结果和优化控制方案。能源管理系统，即由计算机系统集中管理楼宇设备的运行能耗。

②采用采暖通风空调系统。根据需要设置该系统，利用控制系统进行操作，确定峰值负载的原因并开发相应的管理策略，限制能耗高峰时段对电的需求。根据设计图、运行日程安排和室外气温等情况进行温度和湿度的设置，设置的传感器可根据室内人数（即冷热负荷）变化调

整通风率。提供合适的可编程控制器，根据记录的需求图自动调节温度、湿度等，防止过热或过冷，可节约能源 10% 以上。根据居住空间的温度、湿度设置控制系统。

③采用建筑设备自动监控技术。公共建筑的空调、通风和照明系统是建筑运行中的主要能耗设备。为此，绿色建筑内的空调通风系统冷热源、风机、水泵等设备应进行有效监测，实时采集并记录关键数据，对上述设备系统按照设计要求进行可靠的自动化控制。对照明系统，除了在保证照明质量的前提下尽量减小照明功率密度外，可采用感应式或延时的自动控制方式实现建筑的照明节能运行。

④采取节水管理措施。根据水的用途，按照高质高用、低质低用的用水原则，制订节水方案，采取合理的节水管理措施，节水应从每个人做起。物业服务企业应与业主共同研究节水管理模式，建立物业内部的节水管理机制。对不同用途的用水分别进行计量，绿化用水应建立完善的节水型灌溉系统。正确使用节水计量的智能技术，加强对设备的运行管理指标的考核，使节水指标达到设计要求。

制定建筑设备系统的日常维护保养制度，通过良好的维护保养，延长设备系统的使用寿命，减少因维修带来的材料消耗。制定物业耗材管理制度，选用绿色材料，即具有耐久、高效、节能、节水、可降解、可再生、可回用等特征的材料。

（2）分户计量

我国的寒冷地区，建筑在冬季的采暖能耗是建筑最大的一项能源费用支出，由于长期以来采用的是按建筑面积收取采暖费的办法，节约建筑采暖能耗一直缺乏市场动力。为此，中华人民共和国建设部令第 143 号《民用建筑节能管理规定》中指出："采用集中采暖制冷方式的新建民用建筑应当安设建筑物室内温度控制和用能计量设施，逐步实行基本冷热价和计量冷热价共同构成的两部制用能价格制度。"

分户计量是指每户的电、水、燃气以及采暖等的用量分别独立计量，使消费者有节约的动力。目前，住宅建设中普遍推行"三表到户"（以户为单位安装水表、电表和燃气表），实行分户计量，居民节约用电、水、燃气的意识大大加强。但公共建筑，如写字楼、商场等，按面积收取电、天然气、采热制冷等费用的现象还较普遍。按面积收费容易使用户不注意节约，导致能源和资源的浪费。绿色建筑要求耗电、冷热量等必须实行分户分类计量收费。因此，绿色建筑要求在硬件方面，能够做到耗电和冷热量的分项、分级记录与计量，这样方便了解、分析公共建筑各项耗费多少，及时发现问题所在和找到节约资源的方法。

每户可通过电表、水表和燃气表的读数得出某个时间段电、水和燃气的耗用量，进行计量收费。但对集中供暖，做到谁用热量谁付费，用多少热量交多少钱，进行分户计量收费就不那么简单了。世界上不少国家已经有了成功的经验。如东欧国家已在实践中证明，采用热计量收费可节约能源 20%～30%。住户可以自主决定每天的采暖时间及室内温度，如外出时间较长，可调低温度，或将暖气关闭，从而节省能源。目前我国正在逐步推广供暖分户计量。

（3）远传计量系统

虽然水、电、燃气甚至供热实现了一户一表，但人工入户抄表的工作量大，易抄错抄漏，且干扰居民日常生活，IC 卡表得到的数据也总是滞后。从现代数字化管理的要求出发，希望能得到一个区域，甚至整个城市耗水、耗电、耗燃气的实时数据，便于调度、控制，且帮助发现问题，真正做到科学管理。为彻底解决这些问题，提高计量的准确性、及时性，就必须采用一种新的计量抄表方法——通过多表远传计量系统实现。这种方法在保证计量精度的基础上，将其计量值转换为电信号，经传输网络，把计量数值远传到物业或有关管理部门。

2. 建筑设备的运行管理

首先，做好设备基础资料的管理工作。基础资料是设备管理的根本依据，要对全部设备的资料进行归档，归档资料包括：基本技术参数和设备价格，质量合格证书，使用安装说明，验收资料，安装调试及验收记录，出厂、安装、使用日期等。其次，建立设备台账，给设备编号，对设备的购置、安装、调试、维修、改造情况等进行记录，反映设备的真实情况。

提高建筑运行效率、实现建筑节能是一个持续的过程，需对能耗数据进行管理分析，对节能潜力进行评估，调整并实施低成本或无成本的措施，追踪计算节能成果，与物业管理团队、建筑业主、建筑住户、潜在的客户等及时宣传节能成果，并不断坚持，才能实现持续的节能成果。下面分别对建筑设备中的空调系统和照明系统的运行管理以及相关方面进行简要介绍：

（1）空调系统的运行管理

空调是现代建筑中不可缺少的能耗运行系统，它给人们提供了舒适的生活和工作环境，同时也消耗了大量的能源。采暖和空调的能耗占建筑能耗的65%，所以，空调系统的节能运行对建筑节能有重要意义。2008年6月，中国建筑科学研究院发布了《空调系统节能运行管理制度示范文本》。

目前，空调系统存在诸多问题，例如：水泵选型过大或选配电机功率过大，低效率运行；多台冷冻水泵一同运行时，总是按最大冷负荷开动冷却水泵，没有根据供冷负荷的变化调整开启台数；空调水系统普遍存在大流量小温差的现象，最大负荷出现的时间很少，绝大部分时间在部分负荷下运行，实际温差小于设计温差，实际流量比设计流量大，水泵电耗大大增加；新风入口面积、新风管道尺寸及风机选型偏小，不能满足过渡季节的全新风运行；有些空调系统的过滤器长期不清洗，导致系统效率降低；空调系统大多没有安装分项计量装置，不能准确记录用电量并进行统计分析，不利于节能工作的开展；等等。再加上我国空调系统的运行管理技术人员素质不高、管理制度缺乏，空调系统的总体运行水平偏低。

由于空调系统具有专业综合性、复杂性，所以要严格按照标准的运行操作规程进行操作，采取合理、可行的节能技术措施，保证空调系统运行安全、节能；对空调系统的运行参数、空调房间的温度进行监控，统计电、热、燃料的消耗，以便及时发现问题，进行修整，最大限度地降低能源的浪费。

①机组的节能运行。相关数据表明，主机能耗占空调系统总能耗的60%以上，水泵的能耗占空调系统总能耗的15%～20%，在设计时，主机都是按最大负荷进行设计的，水泵设备在选型时都留有余量，这就造成了水泵的出水阀的节流损失，使主机的制冷效果不理想，因而采用变频变流量系统，使输送能耗随流量变化，并使主机满足该工况最佳特性曲线，使主机的效率保持在较高的水平上，以达到节能的目的。

在空调系统中，冷冻水和冷却水的消耗量相当大，而在日常运行中却往往被人们忽视。水的大量消耗会导致冷水机组、水泵和冷却塔的电能消耗，所以，对这两大水系统要引起足够的重视，消除隐性能耗。冷冻水在空调系统中主要起着中间载冷剂的作用，在隐性能耗方面主要表现在管路保温的冷量损失及冷冻水流失，后者往往被忽视。冷冻水流失绝大部分是因为排污阀、旁通阀失效或关不紧所致。因此，应加强对这些阀门的监测和检修。冷却水系统中水的流失主要表现在蒸发耗水。尽管排污换水所产生的消耗不可避免，但保持系统清洁可减少换水次数。

另外，根据室外气候参数的变化制定空调系统节能运行的全年调节策略，确定水系统的水质、水量调节的方式，空调设备的开启台数，水系统的供回水温度，风系统的送风温度、新风，及时调节供冷、供热量；减少系统运行的漏风及漏水等情况；做好设备及冷、热管路的保冷与保温；实现空调运行管理的自动化；等等。这些也是实现空调节能运行的有效策略。

②空调节能检查管理。空调系统所涉及的设备种类和数量都较多，安装地点也较分散，空调系统节能运行的首要条件是空调设备的正常运行，这就依赖于工作人员能及时发现设备的运行故障，并及时解决。《绿色建筑评价标准》（GB/T 50378—2014）中将公共建筑的空调通风系统按国家标准定期检查和清洗作为一般项。制定科学合理的节能运行检查制度是节能运行管理的关键，根据空调设备的特点和在节能运行中的重要程度制定相应的检查制度，包括开停机检查、巡回检查、周期性检查。

空调系统节能检查管理的主要内容包括：空调设备的开停机检查；空调房间、仪表、管道、阀门、附件、风机、水泵、冷却塔等的巡回检查；温控开关、压力表、流量计、温度计、冷（热）量表、电表、燃料计量表、明装风管和水管的绝热层、表面防潮层及保护层等的周期性检查。

③空调节能维护保养管理。空调系统和设备自身良好的工作状态是保证其供冷（热）质量和安全经济运行的基础，而有针对性地做好空调系统和设备的维护保养工作，又是使空调系统保持良好工作状态，减少或避免发生故障和事故、延长使用寿命、降低能耗的重要条件之一。因此，必须做好空调系统和设备的节能维护保养工作，制定相应的开机

前维护保养、日常保养、定期保养及开停机期间的维护保养规定。

空调系统节能维护保养管理主要是对冷水机组、风机盘管、水泵机组、风机、管道和阀门、空调测控系统的维护保养。

要定期对空调进行清洗管理，原因如下：冷却水在空调系统中被不断循环使用，由于水的温度升高、水流速度的变化、水的蒸发、水中杂质的浓缩，冷却塔和冷水池在室外受到阳光照射、风吹雨淋，灰尘杂物的进入，以及设备结构和材料等多种因素的综合作用，会产生沉积物附着、设备腐蚀和微生物滋生的现象，以及由此形成的黏泥、污垢堵塞管道等问题，从而降低空调运行的安全性与经济性。为了解决空调水系统的沉积物附着、金属腐蚀和微生物滋生等问题，必须对空调系统定期进行清洗。

空调系统的清洗有以下五个步骤：

第一步是水冲洗，通过向循环系统中加入杀菌药剂以清除循环水中的各种细菌和藻类。

第二步是除黏泥，加入剥离剂将管道内的生物黏泥剥离脱落，通过循环将黏泥清洗出来。

第三步是化学清洗，加入化学清洗剂、分散剂，将管道系统内的浮锈、污垢、油污清洗出来，分散排出，还原成清洁的金属表面。

第四步是表面预膜，投入预膜药剂，在金属表面形成致密的聚合高分子保护膜，起到防腐蚀作用。

第五步是日常养护，加入缓蚀剂，避免金属生锈；加入阻垢剂，通过综合作用防止钙镁离子结晶沉淀；定期抽验监控水质。

（2）照明系统的运行管理

降低照明系统的能耗，可以通过降低照明水平、提高照明系统光效比、缩短照明时间以及提高自然采光的利用水平等方式来实现。

①清洗与保养照明系统。照明设备的发光量将随着时间的延长而减少。热量的散发使光源设备的外壳发黄，灰尘依附在透光罩、反射镜上，甚至灯管上的灰尘将进一步降低光线输出量。照明设备的超时间使用以及透光罩上积累的灰尘，都会导致光线输出量降低20%～40%。

降低照明需求量首先要确保既有建筑照明系统最大限度地产生有效光。为此，可以采取以下措施：定期清洗灯具透镜和反射镜；替换走廊、储藏室、设备间等场所中的因使用时间长而发黄的透光罩或褪色反射镜；在适用炫目灯的场合，可将灯具上的玻璃直接去掉；建筑物中所使用的灯具在其即将达到规定寿命期时，应对其进行更换，而不是等它们烧毁后再换，这种方式也更为经济。

需要对建筑物的照明系统进行研究统计，了解建筑物光源设备的种类和数量，以及光源设备的灰尘积累和透光罩的褪色情况。在工作区域或工作面，对发光情况进行检测，与要求值进行比较。注意在清洗一些设备和取代透光罩、反射镜前后光线输出量的变化，在正确维护设备的前提下，确定移走透光罩的比例而不影响照明标准。

②降低照明标准。随着电力的推广使用，建筑物的照明标准不断提高，许多场合的照明亮度是实际需求量的 2～3 倍。根据不同的工作场合来设定灯的亮度，降低照明标准，可以降低耗电量和电力负荷。通过去掉透光罩或是更换低功率的透光罩来降低照明标准，能同时降低电耗和输出光线。对于荧光灯设备通过更换节能镇流器，白炽灯用低功率的椭圆形的反射灯或填充灯则更为节能。相对来说，额定功率为 18 瓦的可调荧光灯更加节能，建筑物出口的指示灯就可以用荧光灯来替代。尽可能去掉透光罩，同时也要去掉或是断开镇流器，以免它们继续消耗能源。

③减少照明系统的工作时间。照明系统最好的节能方式是在不需要采光时将照明灯具的开关关掉，这样不仅可以节能，还可以延长灯具的使用寿命。

照明系统工作时间的控制方式有自动控制和人工控制两种，其中自动控制的方式更节能。而人工控制节能，可在开关处贴上写有"人离灯灭"字样的纸条。在空间较大的办公室，应该使用针对个人工作区照明的灯具，以便在晴天或光线充足的白天能调低灯的亮度。控制系统能检测工作区是否有人而自动开关灯。对于贮藏室的照明，考虑到安全照明的需要，将在某一选定时间间隔让灯关闭。所有建筑物的外部照明，以及建筑物内部楼梯间、走廊的灯具，都应替换为光控、声控或时控。同时，对全体工作人员加以引导，使他们仅在工作时才开灯。

许多建筑物在所有场合都是采用统一的高标准照明，同样一个照明标准应用于所有场合而无视不同工作状况的需要，会导致能耗浪费。为了提高照明效率，可以在工作区域提高照明亮度，而在非工作区域降低照明亮度。

④充分利用自然光。对绝大多数区域而言，日光是最好的光源。为了获得充足的日光，可以把窗户的表面漆成白色或是柔和的颜色，使光线反射至室内。

照明系统的节能改造措施之一就是安装亮度调节器，当自然光充足时，调节器可通过感知内部照明水平来调节内部照明设备的功率，实现节能。这要求照明系统和调控系统兼容，当自然光线减弱时，内部的电照明或其他人工照明能感知变化并做出相应的调节。亮度调节器采用有级或是连续调节的方式，在多云天气，通过延时设备来防止其频繁操作。由于日照的不稳定性，不一定会降低照明负荷的峰值。若使用了亮度调节器，照明系统就能将透光罩控制在合理的使用范围，照明峰值则会降低。

采用调光设备时，必须通过对建筑物采光的动态模拟方法来考察建筑物的朝向与日光亮度，检测晴天和多云天气时的日照情况，考察夏季和冬季的日照利用情况。

有天窗的建筑物，通过天窗照射进来的日光能最大限度地取代人工照明，但随之带来两个方面的问题：一方面是导致建筑物内部的热量明显增加；另一方面是会有眩光问题。解决方法是：安装半透明的白色玻璃窗，在天窗上贴上有色彩或是能反射的薄膜，在天窗下面安装棱镜或发散光的透光罩、反射器，以及在天窗上悬挂遮阳物。

⑤加强对照明系统的整体控制。对建筑物建立以智能控制为基础的调压、稳压节能系统。根据各类场合的照度需求，通过各种传感器和自动开关对照明系统进行控制，并可实施时间控制、有线或无线通信控制。

如果在现有总分照明线路上加装控制设备，可省电 10% ~ 20%，同时可调整功率因数。通过控制电压波动的手段，避免波动对照明光源的寿命产生影响，并达到较好的照明效果，这类照明节电设备在室内、室外及城乡道路照明控制中都可使用。通过照明供电线路的配合，在室内照明控制中采用光控、红外等智能化的自动控制系统，可以做到近窗工作面利用自然采光、少开灯或不开灯，远窗工作面根据照度开启适量的灯，这种技术可省电30%。

（3）其他设备的管理方面

主要有以下十个措施：

一是确保供电系统的功率因数在0.9以上。

二是使用变频空调系统。

三是在春、秋季通过采用空调系统中的通风换气模式，以减少空调系统所耗电量。

四是要将效率低于60%的水泵和效率低于70%的风机，列入更新改造的计划中，尽量采用变频控制水泵和风机。

五是调整洗衣房工作时间。

六是定期检查公共区域的卫生间有无"跑、冒、滴、漏"现象。

七是应合理控制游泳池的水温，游泳池的水经过过滤后循环使用。

八是控制员工淋浴与面盆的流量。

九是对中水进行回收再使用。

十是推广使用节水型马桶。

（4）建筑的维护与维修管理

对建筑进行维护与维修的目的在于确保建筑功能的正常发挥，保证与延长其使用寿命。建筑维护与维修管理的关键在于维护与维修方案的制订和有效的组织实施。维护与维修方案可分为长期方案和短期方案，方案的制订应以全生命周期成本最低为目标，在保证建筑物质量目标、安全目标、绿色目标的前提下，通过制订合理的维护方案，运用现代经营手段和修缮技术，对已投入使用的各类设施实施多功能、全方位的统一管理，以提高设施的经济价值和实用价值，降低维护与维修成本。在方案实施时，应做好施工组织管理工作，以经济、适用、环保为原则，根据实际情况合理安排施工作业的程序。

3．绿色建筑运营模式选择

无成本节能措施主要针对建筑耗能系统进行按负荷、按需求控制，以降低能耗，其实施简便、见效快，且无须额外的资金投入。绿色建筑运用了不少的新技术，尤其在地源热泵、雨水收集回用、人工湿地等方面，绿色建筑中的一整套实时监测系统，保证了建筑的合理运行。

围护结构实时监测系统是其中较为重要的监测系统之一，此系统监测的参数包括室外气象参数（温度、湿度、风速、风向、太阳辐射强度、大气压力等）、围护结构热工参数（围护结构内外表面温度）、室内热工参数（温度、湿度、二氧化碳浓度）。通过对建筑运行热工参数的动态监测，可以实时反映该建筑物的实际运行状况，将这些监测数据实时导入能耗计算软件，从而在显示屏上动态反映建筑物的能耗情况和室内的舒适程度，包括室内外环境条件、空调系统运行状况、水系统运行状况、太阳能系统运行状况、建筑物能耗情况、室内二氧化碳浓度分布情况等，这些内容的显示便于管理人员分析比较，及时采取相应措施，调整相关设备开度，营造一个既节能又舒适的室内环境。

使用、维护和回收报废阶段是形成运营维护成本的关键阶段。为此，应制订合理的绿色环保运营维护和回收方案，提高经济价值和实用价值，降低运营维护和拆除成本；建立运营管理和拆除回收网络平台，加强项目的运营维护以及拆除回收对环境和社会影响的监管和监测，完善相应的管理制度；加强对废弃物和垃圾的回收利用和循环使用，采用绿色环保节能材料和设施，尽量减少环境成本和社会成本。

4. 绿色建筑环境管理

环境管理根据不同的范围可分为地区环境管理、小区环境管理等。环境管理应围绕绿色建筑对环境的要求展开。管理的内容包括制定该绿色建筑环境目标、实施并实现环境目标所要求的相关内容、对环境目标的实施情况与实现程度进行评审等。绿色建筑环境管理主要包括绿化管理、垃圾管理及环境卫生管理等。

（1）绿化管理

《绿色建筑技术导则》中对绿色建筑运营管理的"绿化管理"一项提出了技术要求：制定绿化管理制度，对绿化用水进行计量，建立并完善节水型灌溉系统。

绿化管理贯穿绿化规划设计、施工及养护等整个过程。园林绿化设计除考虑美观、实用、经济等方面的因素外，还须了解植物生长习性以及种植地气候、土壤、水源水质状况等。根据实际情况进行植物配置，以减少管理成本，提高苗木成活率。在具体施工过程中，要以乡土树种为主，乔灌花草合理搭配。要制定绿化管理制度并认真执行，使居住与工作环境中的所有树木、绿地、草坪及相关的各种设施保持完好，使人们生活在一个优美舒适的环境中。同时，对绿化用水进行计量，建立并完善节水型灌溉系统。

采用无公害病虫害技术，规范杀虫剂、除草剂、化肥、农药等化学药剂的使用，有效避免对土壤和地下水环境的破坏。病虫害的发生和蔓延将破坏生态环境和生物多样性，应加强预测预报，严格控制病虫害的传播和蔓延。科学使用化学农药，大力推行生物制剂、仿生制剂等无公害防治技术，提高生物防治和无公害防治比例，保证人畜安全，保护有益生物，防止环境污染，促进生态可持续发展。

对行道树、花灌木、绿篱进行定期修剪，草坪及时修剪。及时做好树木病虫害的预测、防治工作，做到树木无爆发性病虫兽害，保持草坪、地被的完整，保证树木有较高的成活率，发现危树、枯死树木应及时处理。

（2）垃圾管理及环境卫生管理

垃圾是放错地方的资源。近年来，我国城市垃圾数量迅速增加。城市生活垃圾中可回收再生利用的物质很多，如有机物质占 50% 左右，废纸含量占 3% ~ 12%，废塑料制品占 5% ~ 14%。发展循环经济应将城市垃圾的减量化、回收和处理工作放在重要位置，其核心是资源综合利用。

建筑在运行的过程中会产生大量的垃圾，包括建筑装修、维护过程中出现的沙土、渣土、散落的砂浆和混凝土，剔凿产生的砖石和混凝土碎块，以及金属、竹木材、装饰装修产生的废料、各种包装材料、废旧纸张等。这些种类众多的建筑垃圾，如果弃之不用或不合理处理将会对城市环境产生极大的影响。为此，在建筑运营过程中需要根据建筑垃圾的来源、可否回收利用、处理难易度等进行分类，将其中可再利用或可再生的材料进行有效回收处理，重新用于生产。

如果对建筑垃圾不进行及时处理或处理不当，不仅会影响环境的美观，而且会造成环境污染，滋生病菌，导致疾病的传播，危害人类健康。部分垃圾若能够得到有效处理，不仅可以避免上述问题，而且可转化成有效资源，从而达到节约的目的。建筑运行中对垃圾的管理和控制，主要从管理制度的制定与实施、垃圾分类收集与处理、垃圾收集设施的设置与管理等方面进行。

①垃圾管理制度的制定与实施。垃圾管理制度在对垃圾的管理与控制中起规范、基础保障的作用。物业管理公司应在进行垃圾分类、收集、运输等整体系统规划的基础上，制定垃圾管理制度，包括垃圾管理运行操作手册、设施管理、经费管理、人员配备及机构分工、监督机制、定期的岗位业务培训和突发事件的应急反应处理等。对垃圾物流进行有效控制，防止垃圾无序倾倒和二次污染。

②垃圾分类收集与处理。建筑运行中产生的生活垃圾一般可分为四大类：可回收垃圾、厨余垃圾、有害垃圾和其他垃圾。不同垃圾对环境影响和可回收利用的程度不同，对其处理方法也有差异。可回收垃圾主要包括废纸张、废塑料、废玻璃制品、废金属和废织物五大类，这些垃圾通过综合处理回收利用，可以减少污染，节省资源。厨余垃圾主要包括剩菜剩饭、骨头、菜根菜叶、果皮、蛋壳、茶渣等食品类废物，经生物技术就地处理堆肥，可生产有机肥料。有害垃圾包括废电池、废日光灯管、废水银温度计、过期药品等，这些垃圾需要进行特殊的安全处理。其他垃圾包括除上述几类垃圾之外的砖瓦陶瓷、渣土、卫生间废纸、纸巾等难以回收的废弃物，采取卫生填埋的方式可有效减少对地下水、地表水、土壤及空气的污染。垃圾分类收集处理有利于资源的回收利用，同时便于处理有毒有害的物质，减少垃圾的处理量，减少运输和处理成本。但垃圾分类处理的前提是垃圾分类收集、运输，因而应在建筑物周围设置垃圾分类收集桶，在运输中采取相应措施以确保垃圾分类运输。

在许多发达国家，垃圾回收利用已作为一种产业得到了迅速发展。垃圾只有混在一起时才是垃圾，一旦分类回收就是资源。据有关部门统计：

1 吨废塑料再生利用可制造出约 0.7 吨的塑料原料。如果将这些废塑料埋在地下，100 年也化解不掉。

每 1 吨废纸，可造纸 0.80 ~ 0.85 吨，节约木材 3 ~ 4 立方米，相当于少砍伐 20 棵树（树龄为 30 年）。

每 1 吨废钢铁，可提炼钢 0.9 吨；相当于节约矿石 3 吨。

1 吨废玻璃回收后可生产一块面积相当于普通篮球场的平板玻璃或 500 克的瓶子 2 万只。

特别需要注意的是废电池的处理问题，乱扔废电池会污染水资源与土壤，危害人类的健康。许多国家严禁废电池与垃圾混放，日本的社区就设立了专用桶，可将电池分类投放。生活用的电池，一般都含有汞或镉等有毒的重金属，回收利用废电池可回收镉、镍、锰、锌等贵重金属。

在新建小区中配置有机垃圾生化处理设备，采用生化技术（利用微生物菌，通过高速发酵、干燥、脱臭处理等工序，消化分解有机垃圾的一种生物技术）快速地处理小区的有机垃圾，达到垃圾处理的减量化、资源化和无害化。有机垃圾生化处理设备的优点如下：体积小，占地面积少，无须建造传统垃圾房；全自动控制，全封闭处理，基本无异味且噪声小；减少垃圾运输量和填埋土地占用面积，降低环境污染程度。在细菌发酵的过程中产生的生物沼气，在出口处收集并储存起来，可以直接作为燃料或发电。

专家预测，垃圾发电将成为与太阳能发电、风力发电并驾齐驱的无公害的新的发电方式。两吨垃圾燃烧所产生的热量，相当于一吨煤燃烧的能量。我国已有不少城市建立了垃圾场焚烧发电厂。

③垃圾收集设施的设置与管理。垃圾容器优先采用密闭容器，设在居住单元出入口附近隐蔽的位置，其数量、外观色彩及标志应符合垃圾分类收集的要求。垃圾容器应兼具美观与实用的特点，并且与周围景观相协调，应坚固耐用，不易倾倒，并有严格的保洁清洗措施。

5. 数字化运营管理

目前，绿色建筑运营管理的概念已经不限于清洁、绿化和安全巡逻的范围，且已不再是传统意义上的只靠人工管理，高新技术的运用使得传统的物业服务行业赖以生存和发展的各种物业常规硬件都发生了很大的变化。如何适应这一发展潮流，并实现物业服务行业向绿色建筑运营管理转型，是摆在所有业内人士面前的一道难题。

现代化、专业化的物业服务需要引进现代化的科技设施与设备，建立新型的运行管理方式，以提高管理水平和服务质量，实现传统物业服务模式向数字化物业服务模式的转变。全面应用数字化技术，以数字化、网络化、智能化系统作为绿色建筑物业服务的技术支撑平台，包括数字化应用技术构成、数字化物业业务管理、数字化设施管理、数字化综合安防管理、其他数字化应用服务。

（1）数字化运营管理网络平台

绿色建筑运营管理依赖于网络化管理。绿色建筑运营管理提出了以下技术要求：建立数字化运营管理网络平台；监控各系统及重点参数，使其达到设计预定的目标；建立突发事件的应急处理系统。

计算机网络是指将分散在各处的计算机、打印机、电子设备、安防装置等通过通信技术连成一个整体，可以交互信息、传达命令。而网络化是指提供网络环境，将原先分散的各种事件，通过网络实现资源共享、相互沟通、实时交互信息，使业务处理或工作变得更为科学与高效。居住小区智能化是以网络平台作为信息传输通道，将各个智能化子系统联系起来；通过物业服务中心向住户提供多种功能的服务。网络化建设已经带动了建筑业等许多产业的发展，并为这些行业注入了新的活力。

（2）数字化生活

我们可以将由数字化技术和产品带来的更加丰富多彩的生活方式称为数字化生活。现在让我们来描述一下数字化生活的图景：人们可以在网上处理一些日常生活中的事情，如购物、银行取款、支付账单、更新驾照、查阅文献、订阅新闻、学习、授课、旅游等，有些事可以直接在网上处理，有些事通过网络得到信息后可以辅助人们后续的安排。运用数字技术可以建立一个具有个性的智能化家庭平台。家庭内的所有电器或设备联网，而且还与互联网融为一体，构成一个智能化的家庭生活环境。美国、欧洲等经济发达的国家提出了"聪明屋"的概念，其实际上类似于我们的"智能化居住"，实质内容是：将住宅中的设备、家电和家庭安防装置等通过家庭总线技术连接到家庭智能终端上，对这类设备或装置实现集中式的控制和管理，也可以异地监视与控制。家庭正在或已经成为城市信息网络中的一个基本节点，使人们可以享受到通信、安全防范、多媒体和娱乐等方面的种种便利。数字化和绿色革命正在改变着建筑物的发展，特别是家居的设计、建造和运作方式。数字化可实现高效、高质量的生活，真正促进绿色建筑的发展。

三、 绿色建筑的智能化

1. 绿色建筑智能化系统

绿色建筑智能化系统可实现高效的运营与优质的服务，为住户提供一个安全、舒适、便利的居住环境，同时最大限度地保护环境、节约资源（节地、节能、节水、节材）和减少污染。绿色建筑智能化系统由安全防范系统、管理与监控系统、通信网络系统和消防控制系统等组成。总体图如图6-1所示。

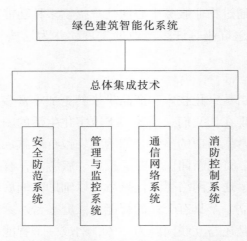

图6-1　绿色建筑智能化系统总体图

绿色建筑居住小区智能化系统是由电话线、有线电视网、现场总线、综合布线系统、宽带光纤接入互联网等组成的信息传输通道，安装智能产品，组成各种应用系统，为住户、物业服务公司提供各类服务平台。小区内部信息传输通道可以采用多种拓扑结构（如树型结构、星型结构或多种混合型结构）。图6-2为绿色建筑居住小区智能化系统总体图。

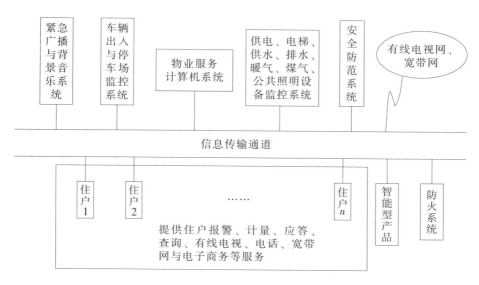

图6-2 绿色建筑居住小区智能化系统总体图

智能建筑设备自动化系统是智能建筑不可缺少的重要组成部分，其任务是对建筑物内部的能源使用、环境、交通及安全设施进行监测、控制与管理，给建筑物的使用者提供一个安全可靠、节约能源、舒适宜人、绿色环保的工作及生活环境。

绿色建筑智能化系统的硬件较多，主要包括信息网络、计算机系统、智能型产品、公共设备、门禁、IC卡、计量仪表和电子器材等。系统硬件首先应具备实用性和可靠性的特点，应优先选择适用、成熟、标准化程度高的产品。由于智能化系统在施工中的隐蔽工程较多，有些预埋产品不易更换。考虑到小区内居住有不同年龄、不同文化程度的居民，因此，要求操作尽量简便，具有较高的适用性。智能化系统中的硬件应考虑先进性，特别是对建设档次较高的系统，其中涉及计算机、网络、通信等部分的属于高新技术，发展速度很快，因此必须考虑先进性。避免短期内因选用的技术陈旧，造成整个系统性能不高，不能满足发展需求而过早淘汰。另外，从使用的角度来看，要求能按菜单方式提供功能，这要求硬件系统具有可扩充性。从智能化系统的总体来看，由于住户使用系统的次数及程度具有不确定性，要求系统可升级，具有开发性，提供标准接口，可根据住户实际要求对系统进行拓展或升级。所选产品的兼容性也很重要，系统设备优先选择按国际标准或国内标准生产的产品，便于今后更新和日常维护。

系统软件是智能化系统的核心。它的功能好坏直接关系到整个系统的运行。居住小区智能化系统软件主要是指应用软件、实时监控软件、网络与单机版操作系统等，其中最为关注的应是居住小区物业服务软件。对软件的要求为：具有高可靠性和安全性；软件人机界面图形化；采用多媒体技术，使系统具有处理声音及图像的功能；符合标准，便于升级和支持更多的硬件产品；具有可扩充性。

2. 安全防范系统

安全防范系统是在小区周界、重点部位与住户室内安装的安全防范装置，并由小区物业服务中心统一管理以提高小区安全防范水平。主要包括住宅报警装置、访客可视对讲装置、周界防越报警装置、视频监控装置、电子巡更系统等。

（1）住宅报警装置

住户室内安装家庭紧急求助报警装置。若家里有人得了急病、发现了漏水或其他意外情况，可按紧急求助报警按钮，小区物业服务中心将立即收到此信号，速来处理。物业服务中心还应实时记录报警事件。依据实际需要还可安装入户门防盗报警装置以及在阳台外窗安装防范报警装置、厨房内安装燃气泄漏自动报警装置等。有的还可做到一旦家里进了小偷，报警装置就立刻拨打用户手机通知用户。

（2）访客可视对讲装置

家里要来访客，用户通过访客可视对讲室内机，在家里就可以看到或听到谁来了。

（3）周界防越报警装置

周界防范应遵循以阻挡为主、报警为辅的思路，把入侵者阻挡在周界外，让入侵者知难而退。为避免安全事故的发生，应主动出击，争取有利的时间，把一切不利于安全的因素扼杀在萌芽状态，确保防护场所的安全和减少不必要的经济损失。在小区周界设置越界探测装置，一旦有人入侵，小区物业服务中心将立即发现非法越界者，并进行处理，还能实时显示报警地点和报警时间，自动记录与保存报警信息。物业服务中心还可采用电子地图指示报警区域，并配置声、光提示。周界防越报警装置还可与视频监控装置相结合，一旦有人入侵，不但有报警信号，而且报警现场的图像也可同步传输到管理中心，并且该图像已保存于计算机中，便于处理或破案。

（4）视频监控装置

根据小区安全防范管理的需要，在小区的主要出入口及重要公共区域安装摄像机，也就是"电子眼"，可直接观看被监视场所的一切情况，并把被监视场所的图像、声音同时传送到物业服务中心，使被监控场所的情况一目了然。控制管理中心视频监控室如图6-3所示。物业服务中心通过遥控摄像机及其辅助设备，对摄像机云台及镜头进行控制，可自动或手动切换系统图像，并实现对多个被监视画面进行长时间的连续记录，从而为日后对一些情况进行分析或破案提供重要的线索。

图6-3 控制管理中心视频监控室

同时，视频监控装置还可以与防盗报警等其他安全技术防范装置结合，使防范能力更加强大。近年来，数字技术及计算机图像处理技术进步很快，使视频监控装置在实现自动跟踪、实时处理等方面有了长足发展，从而使视频监控装置在整个安全技术防范体系中具有举足轻重的地位。

（5）电子巡更系统

智能建筑的巡更管理已经从传统的人工方式向电子化、自动化方式转变。电子巡更系统是将人工防范和技术防范相结合的安全防范系统。

①系统功能。电子巡更系统是在防范区域内设定巡更开关或读卡器，使保安人员能够按照预定的顺序在安全防范区域内的巡视站进行巡逻，可以同时保障保安人员以及智能建筑的安全。通过电子巡更系统对小区内各区域进行安全巡视并确认巡更点，实现不留任何死角的小区巡更网络。巡更管理系统可以指定保安人员的巡更路线，并管理巡更点。

②系统的组成及要求。电子巡更系统一般由电子巡更仪和巡更仪用智能钥匙组成。电子巡更仪一般安装在小区四周的重要巡更确认点，当保安人员巡逻到巡更确认点时，如果是卡式巡更仪，巡更人员只需刷卡；如果是使用钥匙的巡更仪，巡更人员只需将智能钥匙插入巡更仪。电子巡更系统的组成如图 6 - 4 所示，电子巡更工作原理如图 6 - 5 所示。

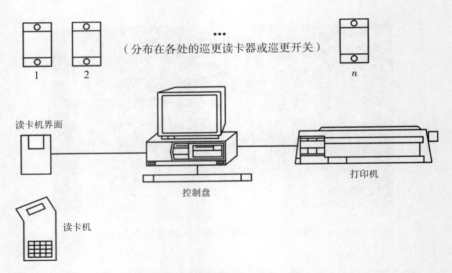

图 6 - 4 电子巡更系统的组成

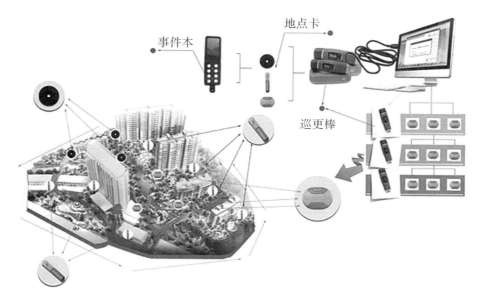

地点卡

事件本

巡更棒

图 6 – 5 电子巡更工作原理

　　巡更路线是根据防范要求，确定实际路线、距离以及每一个巡更点所需要的巡更人员两次到达该处的时间间隔等情况，经过计算机优化组合而形成，且有若干条巡更路线，并保存在巡更管理计算机数据库中。在巡更过程中，巡更管理计算机动态显示整个小区内各组保安巡逻队的巡逻情况，记录巡逻队到达每个巡更点的时间，并指示下一个要到达的巡更点。

　　如果在规定的时间内，巡更人员未到达规定的巡更点，就意味着可能发生了意外情况，物业管理监控中心就可以通过对讲机与巡更人员进行联系，在联系不上的情况下，应立即通知离事发地点最近的保安人员赶赴出事地点。

　　③电子巡更系统的数据采集方式。目前，电子巡更系统有两种数据采集方式，即在线式和离线式。

　　在线式的数据采集方式即在各巡更点安装控制器，通过有线或无线方式与中央控制计算机通网，有相应的读入设备，保安巡逻人员用接触式或非接触式卡把自己的信息输入控制器并送到控制中心。在线式电子巡更系统特别适合对实时性要求高的场合。

离线式的电子巡更系统由带信息传输接口的手持式巡更器（数据采集器）、数据变送器、信息纽扣（安装在预定的巡更点）及管理软件组成。巡更人员携带手持式巡更器到各个指定的巡更点，采集巡更信息，完成数据采集。管理人员只需要在主控室将数据采集器中所记录的数据，通过数据变送器传送到安装有管理软件的计算机中，就可以查阅、打印各巡更人员的情况。离线式电子巡更系统是无线式，巡更点与管理监控中心没有距离限制，可应用场所更加广泛。

3. 管理与监控系统

管理与监控系统主要有自动抄表装置、车辆出入与停车场监控系统、紧急广播与背景音乐系统、物业服务计算机系统、设备监控装置等。

（1）自动抄表装置

自动抄表装置的应用须与公用事业管理部门协调。在住宅内安装水、电、气、热等具有信号输出的表具之后，表具的计量数据可以远传至供水、电、气、热的职能部门或物业服务中心，实现自动抄表。应以计量部门确认的表具显示数据作为计量依据，定期对远传采集数据进行校正，达到精确计量。住户可通过小区内部宽带网、互联网等查看表具数据。

（2）车辆出入与停车场监控系统

在智能建筑中，停车场监控系统已经成为一个重要的组成部分。根据停车场的设备结构和停车位置可以分为空地停车场、室外地下停车场、室内地下停车场、立体停车场等。按照所在环境不同又可分为内部停车场管理系统和公用停车场管理系统。近年来，我国停车场自动管理技术已经逐渐走向成熟，停车场管理正向大型化、复杂化、高科技和智能化方向发展。

智能停车场管理系统可以分为硬件和软件两部分。

①硬件部分。

硬件部分如图6-6所示，由入口管理站、出口管理站、计算机监控中心三个部分组成。

入口管理站设有地下感应线圈、闸机、感应式阅读器、入口电子显示屏、摄像机等。出口管理站设有地下感应线圈、闸机、感应式阅读器、出口电子显示屏、自动计价收银机、摄像机等。计算机监控中心包括计算机主机、显示器、票据打印机、对讲机等。

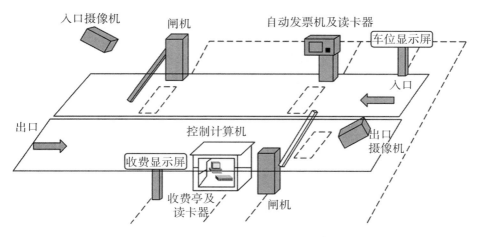

图6-6 智能停车场管理系统硬件组成

入口管理站、出口管理站、计算机监控中心各有不同的功能。

入口管理站。当车辆驶进入口时，可以看到所显示的停车场信息，标志牌显示入口方向与车库内部车位的情况。当车辆通过地下感应线圈时，监控室可以监测到有车辆即将进入，如果车库车位已满，则"车库满"的指示灯亮，拒绝车辆进入；如果车库还有车位，则允许车辆进入。

车辆行驶至入口管理站时，车主使用感应卡确认，若该卡具有进入权限，闸机会自动开启，及时让车辆通过，再自动关闭，防止后面的车辆进入。车辆进入时，摄像机拍摄下进入车辆的图像，包括车牌号码等，以及记录停车凭证数据（进库日期、时间等），存入计算机，以便该车出车库时进行车辆图像等信息的比较，确认该车是否合法出库。

出口管理站。出口管理站的主要任务是对驶出的车辆进行自动收费。驶出车辆的编号、出库时间以及出口摄像机提供的数据与读卡机数据一起被传送到管理系统，进行核对和计算，出口管理站检验确认票卡有效并核实后，出口电动栏杆将升起，放行车辆。

计算机监控中心。可以对整个停车场的情况进行监控和管理，包括出入口管理和车库管理，并将采集的数据和系统工作状态信息存入计算机，以便进行统计、查询和打印报表等工作。该中心还要与安全防范系统进行通信，组成一个全方位的智能建筑的安全防范体系。

计算机监控中心的特点是采用计算机图像比较，用先进的非接触感应式智能卡技术，自动识别进入停车场的用户的身份，并通过计算机图像处理来识别出入车辆的合法性。车辆进出停车场，完全是在计算机的监控下进行。同时，停车费支付、车库车位的管理、防盗等完全智能化，具有方便快捷、安全可靠的特点。

②计算机管理软件。

管理软件由实时监控、设备管理、系统设置和数据统计等模块组成。操作人员可以通过鼠标操作完成大部分功能。

实时监控。实时监控模块包括监控设备的工作模式、工作状况等。

设备管理。设备管理的功能是对出入口（读卡器）和控制器等硬件设备的参数和权限等进行设置。

系统设置。系统设置是指对软件自身的参数和状态进行修改、设置和维护，包括口令设置、修改软件参数、系统备份和修复、进入系统保护状态等。系统设置的安全功能是指对系统做相应的安保措施，限定工作人员的操作级别，管理人员需要输入操作密码才可以在自己管理的权限内操作。

数据统计。数据统计包括系统车流量统计、收费状况统计，并根据统计数据自动生成各种报表，统计的数据还可以进行查询和结算。

小区车辆出入管理装置如图6－7所示。小区内车辆出入口通过IC卡或其他形式对车辆进行管理或计费。车辆出入管理装置安装在小区车辆出入口处，并与小区物业服务中心进行实时互动。当车辆驶入入口处，地感线圈发出信号，若确认为该车库车辆，道闸将自动升起放行车辆。或者车主将车驶至读卡机前取出IC卡，在读卡机感应区域晃动，值班室电脑进行自动核对、记录，感应完毕，发出"嘀"声，则表示过程结束，道闸自动升起，车入场后道闸自动关闭。

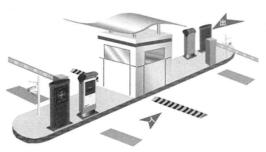

图6-7　小区车辆出入管理装置

（3）紧急广播与背景音乐系统

在小区公共场所内安装紧急广播与背景音乐系统，平时播放背景音乐，在特定分区内可播业务广播、会议广播或通知等。在发生紧急事件时可作为紧急广播强制切入使用，以便于工作人员进行引导疏散。

（4）物业服务计算机系统

物业公司采用计算机管理，也就是用计算机取代人力，完成大量的数据检索、繁重的财务核算等管理工作。物业服务计算机系统包括物业公司管理、托管物业服务、业主管理和系统管理四个子系统，其中物业公司管理包括办公管理、人事管理、设备管理、财务管理、项目管理和ISO9000、ISO14000管理等；托管物业服务包括托管房产管理、维修保养管理、设备运行管理、安防卫生管理、环境绿化管理、业主委员会管理、租赁管理、会所管理和收费管理等；业主管理包括业主资料管理、业主入住管理、业主报修管理、业主服务管理和业主投诉管理等；系统管理包括系统参数管理、系统用户管理、操作权限管理、数据备份管理和系统日志管理等。系统基本功能还应具备多功能查询统计和报表功能。系统扩充功能包括工作流管理、地理信息管理、决策分析管理、远程监控管理及业主访问管理等功能。

（5）设备监控装置

小区物业服务中心或分控制中心应具备下列功能：变配电设备状态显示、故障警报；电梯运行状态显示、查询、故障警报；场景的设定及照明的调整；饮用水蓄水池过滤、杀菌设备监测；园林绿化浇灌控制；对所有监控设备的等待运行维护进行集中管理；对小区集中供冷和供热

设备的运行与故障状态进行监测；公共设施监控信息与相关部门或专业
维修部门实时互动。

①建筑设备自动化系统的监控功能。

自动监视并控制智能建筑中的各种机电设备的启动/停止状态，保
证正常运行。

自动检测、显示、打印各种设备的运行参数及其变化趋势或历史数
据，如温度、湿度、流量、压差、电流、电压、用电量等。当参数超过
正常范围时，自动进行超限报警。

根据外界条件、环境因素、负载变化等情况，自动调节各种设备，
使其运行始终处于最佳状态。

监测并及时处理各种意外突发事件。

实现对建筑物内各种设备的统一管理、协调控制。

对建筑物内的所有设备建立档案、设备运行报表等，充分发挥设备
的作用，提高使用效率。

进行能源管理和楼宇物业智能化管理。

②供配电监控系统。

供配电系统是智能建筑的动力系统，是保证智能建筑各个系统正常
工作的充分必要条件。供配电监控系统的主要设备包括高压配电和变电
设备、低压配电和变电设备、电力变压器、电力参数检测装置、功率因
数自动补偿装置、应急备用电源和监测控制装置。供配电监控系统对供
配电设备的运行状况进行监测，并对出现的异常情况采取相应的措施，
从而保证智能建筑供电安全、可靠，合理调配用电负荷，最大限度地
节能。

智能建筑供配电监控系统主要用来检测建筑内的供配电设备与备用
发电机组和蓄电池组的工作状态及供电质量，一般由以下几个主要部分
组成：

一是高/低压进线、出线与中间联络断路器状态的监测和故障报警
设备，以及电压、电流、功率、功率因数的自动测量、自动显示和报警
装置。

二是变压器二次侧电压、电流、功率、温升自动测量、显示及高温

报警装置。

三是直流操作柜中交流电源主进线开关状态监视设备；直流输出电压、电流等参数的测量、显示及报警装置。

四是备用电源系统，包括备用发电机组与蓄电池组的启动/停止及供电断路器工作状态的监测与故障报警设备；电压、电流、功率、功率因数、频率、油箱油位、冷却水温度、水箱水位等参数的自动测量、显示及报警装置。

供配电监控系统的功能如下：

检测运行参数；监测电气设备运行状态；发生火灾时，切断相关区域的非消防电源；对用电量进行统计以及对电费进行计算与管理；对各种电气设备的检修、保养、维护进行管理；对备用发电机组与蓄电池组进行监控。

③照明监控系统。

智能建筑是多功能的建筑，不同用途的区域对照明有不同的要求。因此，应根据区域使用的性质和特点，对照明设施进行不同的监控。

照明监控系统的主要任务有以下两个：一是为了保证建筑物内各区域的照度及视觉环境而对灯光进行控制，实现舒适照明，称为"环境照度控制"；二是以节能为目的对照明设备进行控制，以实现最大限度的节能，称为"照明节能控制"。

照明监控系统具体的监控功能如下：

按照预先设定的照明控制程序，自动监控室内、户外不同区域的照明设备的开启和关闭情况。

根据室内外的情况及室内照度的要求，自动控制照明灯具的开启和关闭，并能进行照度的调节。

室外的景观照明、广告灯可以根据要求对其进行分组控制，产生特殊的效果。

正常照明供电发生故障时，该区域的事故照明应立即投入运行。

发生火灾时，能够按照灾害控制程序关闭有关的照明设备，开启应急灯和疏散指示灯。

当有保安报警时，打开相应区域的照明灯。

既要对照明区域的设备进行控制，又要能够与上位计算机进行通信，接受其管理控制。

④暖通空调监控系统。

暖通空调监控系统是智能建筑设备系统中最主要的组成部分，其作用是保证建筑物内具有适宜的温度和湿度，良好的空气品质，为人们提供舒适的工作、生活环境。暖通空调监控系统由制冷系统、冷却水系统、空气处理系统和热力系统组成。

暖通空调监控系统是对建筑物的所有暖通空调设备进行全面管理并实施监控的系统，主要任务就是通过自动化装置监测设备实时了解暖通空调的工作状态和运行参数，并根据负荷情况及时控制各设备的运行状态，实现节能。

⑤给排水监控系统。

给排水监控系统的任务是将用水管网的水经济合理、安全可靠地输送到各个需要供水的地方，并满足用户对水质、水量和水压的要求。根据给水用途，可以分为生活、消防、生产三种类型的给水。

首先说说给水监控系统的主要设备及监控功能。

给水监控系统的主要设备有：将室外用水管网接入室内给水主干水管的引入管、地下储水池、楼层水箱、生活给水泵、消防给水泵、气压给水设备、配水设备和管道。

给水监控系统的功能主要表现在以下四点：

一是地下储水池、楼层水池、地面水池水位的检测及高/低水位的超限时报警。

二是根据水池（箱）的高/低水位控制水泵的停止/启动，掌握水泵的工作状态。当使用的水泵出现故障时，备用水泵能够自动投入运行。

三是气压装置压力的检测与控制。

四是设备运行时间累计、用电量的累计。累计运行时间，可以为设备的维修提供依据，并能根据每台水泵的运行时间，自动确定作为运行泵还是备用泵。

再是排水监控系统的主要设备及监控功能。

排水监控系统的主要设备有排水水泵、污水集水池、废水集水池等。排水监控系统的功能主要表现在以下四点：

一是污水集水池、废水集水池的水位检测及超限报警。

二是根据污水集水池、废水集水池的水位，控制排水水泵的启动/停止。当水位达到高限时，自动启动相应的水泵，直到水位降低到低限时连锁停止水泵。

三是排水水泵运行状态的监测以及发生故障时报警。

四是累计运行时间，为设备的定时维修提供依据，并根据每台水泵的运行时间，自动确定作为工作泵还是备用泵。

⑥电梯监控系统。

电梯可分为直升电梯和手扶电梯两种类型。直升电梯按其用途又可分为客梯、货梯、客货梯、消防梯等。电梯的控制方式可以分为层间控制、简易自动控制、集选控制、有/无司机控制以及群控等。

电梯监控系统的内容及功能主要有以下六点：

一是按照时间程序设定的运行时间表启动/停止电梯。

二是监测电梯的运行状态。

三是故障检测与报警。故障检测包括检测电动机、轿厢门、轿厢上下限超限、轿厢运行速度异常等情况；当出现故障后，能够自动报警，并显示故障电梯的地点、发生故障的时间、故障状态等。

四是紧急状况检测与报警。当发生火灾、发生故障时，应立即报警。

五是协同消防系统的工作。当发生火灾时，普通电梯直驶首层放客，切断电梯电源；消防电梯由应急电源供电，在首层待命。

六是协同安全防范系统的工作，接到相关信号时，根据保安级别，自动到规定的楼层，并对轿厢门进行监控。

4．通信网络系统

（1）通信系统概述

智能建筑的通信系统，大致可以划分为三个部分，即以程控交换机为主要构成的语音通信系统、以计算机及综合布线系统为主要构成的数据通信系统、以电缆电视为主要构成的多媒体系统。这三部分既互相独立，又有关联。

一栋智能楼宇，除了有电话、传真、空调、消防与安全监控等基本设备和系统外，各种计算机网络、综合服务数字网络都不可缺少，只有具备了这些基础的通信设施，需要提供给人们的新的信息技术，如电子数据交换、电子邮政、电视会议、视频点播、多媒体通信等才有可能获得使用，使楼宇成为一栋名副其实的智能建筑。

（2）通信系统的相关设备和基本功能

①程控交换机。

程控交换机的作用是将用户的信息以及交换机的控制、维护管理等功能，采用预先编制好的程序存储到计算机的存储器内。当交换机工作时，控制部分自动监测用户的状态变化和所拨号码，并根据其要求来执行相关程序，完成各种功能。由于采用的是程序控制方式，因此被称为"存储程序控制交换机"，简称为"程控交换机"。

程控交换机按交换方式分类可分为市话交换机、长话交换机和用户交换机；按信息传送方式可分为模拟交换机和数字交换机；按接续方式可分为空分交换机和时分交换机。

在微处理器技术和专用集成电路飞速发展的今天，程控数字交换的优越性愈加明显。目前所生产的中等容量、大容量的程控交换机全部为数字式的，而且交换机系统融合了 ATM、无线通信、IP 技术、接入网技术、视频会议等先进技术，因此，这种设备的接入网络的功能是相当完备的。

②用户交换机。

程控交换机如果应用于单位或企业内部作为交换机使用，我们称它为"用户交换机"，用户交换机的最大特点就是可以共用外线资源，而内部通话时不产生费用。用户交换机是机关工矿企业等单位内部进行电话交换的一种专用交换机，其基本功能是完成单位内部用户的相互通话，但也可以接入公用电话网通话（包括国际长途通话、国内长途通话和市内通话）。

用户交换机在技术上的发展趋势是采用程控用户交换机，使用新型的程控数字用户交换机不仅可以交换电话业务，而且可以交换数据等非话音业务，做到多种业务的综合交换与传输。

③程控数字交换机的基本功能和特点。

程控数字交换机一般具有以下功能：来话可多次转接及保持；对分机进行计费；呼叫转移；电脑话务员或人工应答；分机服务等级限制；分机弹性编号；分机免打扰；分机分组代答；特权分机可直接拨外线；多方通话；锁定特殊号码。

程控数字交换机是现代数字通信技术、计算机技术与大规模集成电路有机结合的产物。先进的硬件与日臻完美的软件综合于一体，赋予程控交换机以众多的功能和特点。它与机电式交换机相比，有以下优点：体积小，重量轻，功耗低；能灵活地向用户提供众多的新业务服务功能；工作稳定可靠、维护方便；便于采用新型共路信号方式；易于与数字终端、数字传输系统连接，实现数字终端。

④图像通信。

图像通信是传送和接收图像信号或被称为"图像信息"的通信。它与语音通信方式不同，传送的不仅有声音，而且有图像、文字、图表等信息，这些可视信息通过图像通信设备被变换为电信号进行传送，在接收端再把它们真实再现出来。所以说图像通信是利用视觉信息的通信，或称它为"可视信息的通信"。

图像通信是通信技术中发展非常迅速的一个分支。数字微波、数字光纤、卫星通信等新型宽带信道的出现，分组交换网的建立，微电子技术和多媒体技术的飞速发展，有力地推动了这门学科的进步。数字信号处理和数字图像编码压缩技术产生了愈来愈多的新的图像通信方式。图像通信的范围日益扩大，图像传输的有效性和可靠性也不断得到改善。

⑤文字通信。

文字通信是一种比图像通信简单的通信，通常的文字通信有用户电报、传真通信、电子邮件。

用户电报。用户电报是用户将书写好的电报文稿交由电信公司发送、传递，并由收报方投送给收报人的一种通信业务。由于通信事业的不断进步和发展，现在人们已经很少使用电报了，更多的是使用传真。

传真通信。传真是一种通过有线电路或无线电路传送静止图像或文字符号的技术。其原理是将发送端欲传送的图像或文件，在水平和垂直方向分解成若干微小单元（像素）并以一定的顺序将其变换成电信号，通过有线或无线的传输系统传送给接收端，接收端将收到的电信号转变为具有相应亮度的像素，并按照同样的顺序在水平和垂直方向记录下来，就可以还原与原稿相似的图像或文件。

需要指出的是，传真是必须依靠电话线路才能传递的原稿的复印件，而且需要双方都具备传真能力，即收发双方都有传真设备。由于现在电脑的操作系统都集成了虚拟传真机的功能，利用计算机、扫描仪及相关软件也可以实现双方的无传真机的传真。

电子邮件。电子邮件是互联网上的重要信息服务方式。电子邮件以电子信息的格式通过互联网为世界各地的互联网用户提供了一种极为快速、简单、经济的通信和交换信息的方法。与电话相比，电子邮件的使用非常经济，传输是免费的。而且这种服务不仅仅是一对一的服务，用户也可以向一批人发送一封邮件，或者接收邮件后转发至其他用户，也可以发送附件，如音频、图片、视频等。由于具有这些优点，互联网上数以千万计的用户都有自己的电子邮件地址，电子邮件也成为使用频率较高的互联网应用之一。

（3）智能建筑网络系统

在智能建筑中，通信网络、办公自动化网络和建筑设备自动化控制网络总称为网络系统，是智能建筑的基础。网络系统对于智能建筑来说，犹如神经系统对于人一样重要，它分布于智能建筑的各个角落，是采集、传输智能建筑内外有关信息的重要通道。

①智能建筑网络系统的发展过程。

智能建筑网络的发展过程，在功能上是一个从监控到管理的过程，在技术上以计算机技术、控制技术和通信技术等现代信息技术为基础。

早期的智能建筑，由于技术条件的限制，采用模拟信号的一对一布线，网络系统是传输模拟信号的模拟电路网络，大型建筑内的设备只能在中央监控室内采用大型模拟仪表集中盘对少数的重要设备进行监视，并通过集中盘来进行集中控制，形成"集中监控，集中管理"的模式，此时的建筑仅仅可以称为"自动化建筑"。

②智能建筑网络系统的结构。

智能楼宇的计算机网络系统可以分为内网和外网两个部分，原则上，内网和外网是彼此分开的，物理上不应该有相互联系，这是出于安全性能上的考虑，但无论内网或外网，都可以被划分为三个部分：用于连接各局域网的骨干网、智能楼宇内部的局域网以及连接互联网的广域网。

首先是用于连接各局域网的骨干网部分。骨干网是通过桥接器与路由器，把不同的子网或局域网连接起来形成单个总线或环型拓扑结构，这种网通常采用光纤进行骨干传输。骨干网是构建企业网的一个重要的结构元素。它为不同局域网或子网间的信息交换提供了传输路径。骨干网可将同一座建筑物、不同建筑物或不同网络连接在一起。通常情况下，骨干网的容量要大于与之相连的网络的容量。骨干网属于大型的传输网络，它用于连接小型传输网络，并传送数据。

值得注意的是，人们通常把城市之间连接起来的网称为骨干网，这些骨干网是国家批准的可以直接和国外连接的互联网。而那些有接入功能的互联网服务提供商要连到国外都得通过骨干网。我国现有十个属于国家级别的互联网骨干网络。

相比之下，智能楼宇内的骨干网仅局限于一座建筑物内部，它的作用就是将楼宇中的多个网络连接在一起，同时完成广域网的连接以及本建筑物内局域网络的连接。

再是智能楼宇内部的局域网部分。一般来说，楼层局域网分布在一个或几个楼层内，因此对局域网的类型、容量大小、具体配置的选择要根据实际情况来决定，如流量的大小、工作站的点数的设置、覆盖范围、对服务器的访问频率等。目前，大部分局域网采用的网络结构为总线型的以太网络、令牌环网，传输介质以双绞线、同轴电缆为主，也可采用光纤。

最后是连接互联网的广域网部分。智能楼宇与外界的连接主要借助于公用网络，例如公用电话网络系统、DDN 专线、接入服务 xDSL、ATM 网络、X.25 公用分组交换网等。当然，如果楼宇处于特殊地理位置，例如较偏远地区，或者由于与外界联络的特殊需要，也可以架设微波卫星通信网络，但对于这种接入，由于国家通信规范的要求，需要根据当地城市管理制度，办理特别的手续才能架设。

③宽带通信网的相关技术。

综合业务数字网（Integrated Services Digital Network，ISDN）是基于现有的电话网络来实现数字传输服务的标准，与后来提出的宽带综合业务数字网相对应。

综合业务数字网又称"一线通"，即可以在一条线路上同时传输语音和数据，用户打电话和上网可同时进行。它的出现，使互联网的接入方式发生了很大的变化，极大地加快了互联网在我国的普及和推广。

目前已经标准化的综合业务数字网的用户网络接口有两类：基本接口和一次群速率接口。

ATM 网络技术综合了电路交换的可靠性与分组交换的高效性，借鉴了两种交换方式的优点，采用了基于信元的统计时分复用技术。

信元是 ATM 用于传输信息的基本单元，其采用 53 字节的固定长度。其中，前 5 个字节为信头，载有信元的地址信息和其他一些控制信息，后 48 个字节为信息段，载有来自各种不同业务的用户信息。

ATM/IP 平台。随着宽带 IP 技术的发展，在 IP 网上传输话音、视频等实时业务的服务质量问题逐步得到解决。目前正在开发多种算法和协议，将话音、视频业务以及传统的数据通信业务逐步移到 IP 网上。IP 业务即将成为通信业务的主流。随着 IP 业务的发展，ATM/IP 平台将逐步过渡到纯 IP 平台。目前全球电信网已设有大量 ATM 设备，传统数据通信业务仍有很大的市场，因此 ATM/IP 多协议多业务平台仍将在一个时期内继续存在。

非对称数字用户线路（Asymmetric Digital Subscriber Line，ADSL）技术是以铜质电话线为传输介质的传输技术组合，是 xDSL 技术系列之一，即非对称数字用户环路技术，就是利用现有的一对电话铜线，为用户提供上、下行非对称的传输速率。

（4）其他网络相关技术

①有线电视网。

有线电视网是指传输双向多频道通信的有线电视，也称为"共用天线电视系统""闭路电视系统"等，它的传输介质是同轴电缆。

常用的同轴电缆有两类：50 欧姆和 75 欧姆的同轴电缆。50 欧姆的同轴电缆主要用于基带信号传输，传输带宽为 1～20 兆赫，总线型以太网就是使用 50 欧姆同轴电缆，在以太网中，50 欧姆细同轴电缆的最大传输距离为 185 米，粗同轴电缆可达 1 000 米。75 欧姆的同轴电缆用于有线电视网，传输带宽可达 1 赫兹。

②多媒体技术。

目前，智能化的建筑楼宇大部分应用了视频监控系统，这对于智能楼宇的规范管理发挥了重要的作用。随着计算机技术的高速发展，现在已集中采用了多媒体技术，与传统的集成监控系统相比，多媒体视频系统的最大特点是将单纯的系统主机换成了多媒体计算机，即在微机的扩展槽中插入视频卡或图像卡后，就能在显示器上显示输入的视频图像，所以多媒体视频监控系统的主机同时还兼有视频监视器的功能。

常用的多媒体视频监控系统，系统主机应该使用高性能的多媒体计算机，同时配置相关的多媒体、视频、网络通信等硬件设备，以保证功能齐全、性能稳定。多媒体视频监控系统一般都有视频、音频信号的动态录制功能。在值班人员的操作下或有警情发生时，监控系统可录制一定时间长度的录像至硬盘，速度为 25 帧/秒。每段录像有相应的文件名和时间字符信息，值班人员可根据文件名、时间信息查阅录制的视频。另外，多媒体视频监控系统可作为独立系统运行，并可与消防系统、其他报警系统等专业系统实时互动。此系统支持电话线的远程遥控、监视、报警。

（5）家居综合配线系统

通信网络系统由小区宽带接入网、控制网、有线电视网和电话网等组成。近年来，新建的居住小区每套住宅内大多安装了家居综合配线箱。它具有完成室外线路（电话线、电视线、宽带线等）接入及室内信息插座线缆的连接、线缆管理等功能，系统由箱体、端接管理区、设备仓等组成，如图 6－8 所示。

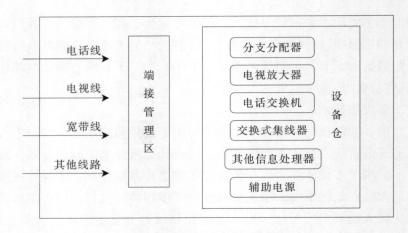

图6-8　家居综合配线系统构成

5. 消防控制系统

一个完整的消防系统是由火灾自动报警系统、灭火自动控制系统及避难诱导系统三个子系统组成的。

火灾自动报警系统由火灾探测器、手动报警按钮、火灾报警控制器和警报器等构成，以完成火情的检测并及时报警。

灭火自动控制系统由各种现场的消防设备及控制装置构成。现场的消防设备种类很多，按照使用功能可分为三大类：第一类是灭火装置，如液体、气体、干粉的喷洒装置，直接用于扑火；第二类是灭火辅助装置，即控制火势、防止火灾扩大的各种设施，如防火门、防火卷帘、挡烟垂壁等；第三类是信号指示系统，即用于报警并通过灯光与声响指挥现场人员的各种设备。

（1）消防系统的控制装置构成

消防系统的控制装置构成有：火灾报警控制器；室内消火栓灭火系统及控制装置；自动喷水灭火系统及控制装置；卤代烷、二氧化碳等气体灭火系统及控制装置；常用防火门、防火卷帘门等防火区域分割设备及控制装置；防烟、排烟和空调通风系统设备及控制装置；电梯回降控制装置；火灾应急照明与疏散指示标志；火灾事故广播系统及其设备的控制装置；消防通信设备。如图6-9所示。

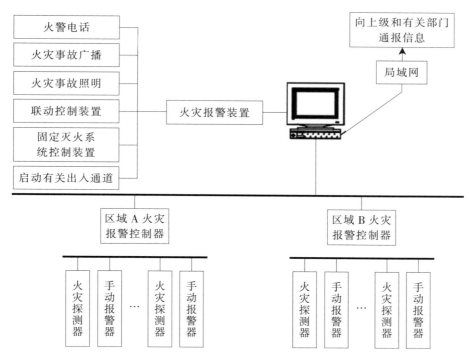

图 6 - 9　消防控制系统的构成

（2）火灾探测器的分类

火灾探测器的分类如图 6 - 10 所示。

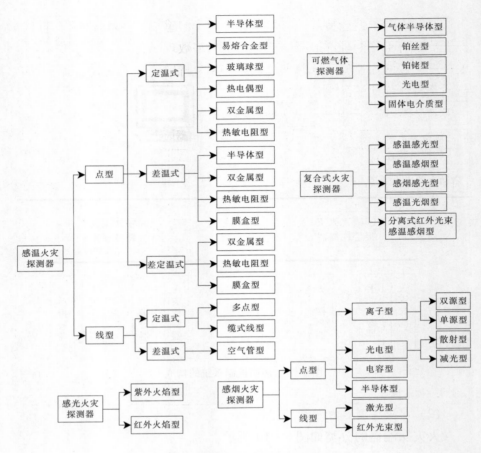

图 6 - 10　火灾探测器的分类

①感烟火灾探测器。

感烟火灾探测器是对燃烧或热解产生的固体或液体微粒予以响应，可以探测物质燃烧初期产生的气溶胶（直径为 0.01 ~ 0.1 皮米的微粒）或烟粒子浓度。感烟火灾探测器用于火灾前期和早期报警，应用广泛。常用的感烟火灾探测器有离子型感烟探测器、光电型感烟探测器等点型感烟探测器和利用激光或红外光束的线型感烟探测器。

离子型感烟探测器是利用烟雾离子改变电离室电离电流的原理所设计的感烟探测器。光电型感烟探测器根据烟雾对光的吸收和散射作用，可分为散射型和减光型两种。离子型感烟探测器和光电型感烟探测器的工作原理不同，性能特点也有所不同。离子型感烟探测器比光电型感烟探测器具有更好的外部适应性，适用于大多数现场条件复杂的场所。光电型感烟探测器比较适合外界环境单一或有特殊要求的场所。两种探测器的基本性能比较见表6-2。

表6-2　离子型和光电型感烟探测器的性能比较

基本性能	离子型感烟探测器	光电型感烟探测器
对燃烧产物颗粒大小的要求	无要求，均适合	对小颗粒不敏感，对大颗粒敏感
对燃烧产物颜色的要求	无要求，均适合	适合于白烟、浅烟，不适于黑烟、浓烟
对燃烧方式的要求	适合于明火、炽热火	适合于阴燃火，对明火反应性差
大气环境（温度、湿度、风速）的变化	适应性差	适应性好
探测器安装高度的影响	适应性好	适应性差
对可燃物的选择	适应性好	适应性差

②感温火灾探测器。

感温火灾探测器是一种响应异常温度、温升速率和温差等参数的火灾探测器。按其工作原理可分为定温式、差温式、差定温式三种。定温式探测器是预先设定温度值，当温度达到或超过预定值时响应的感温探测器。差温式探测器是当火灾发生，室内温度升高速率达到预定值时响应的感温探测器。差温式探测器有机械式、电子式和空气管线型等几种类型。差定温式探测器是兼有差温和定温两种功能的感温探测器，当其中某一种功能失效时，另一种功能仍能起作用，因而大大提高了可靠性。差定温式探测器有机械式和电子式两种类型。

③感光火灾探测器。

感光火灾探测器又称"火焰探测器"，它可以对火焰辐射出的可见光、紫外线、红外线予以响应。这种探测器对迅速发生的火灾或爆炸能够及时响应。

④复合式火灾探测器。

复合式火灾探测器是可以响应两种或两种以上火灾参数的探测器，它把两种或两种以上的工作原理进行优化组合，提高了可靠性，降低了误报率。通常有感温感光型、感温感烟型、感烟感光型、感温光烟型、分离式红外光束感温感烟型探测器。

⑤智能型探测器。

智能型探测器是本身具有探测、判断处理能力的探测器。它由探测器和微处理器构成，人们在微处理器中预设了一些火情判定规则，可以根据探测器探测到的信息进行计算处理、分析判断。智能型探测器结合火势很弱、弱、一般、强、很强的不同程度，再根据预设的有关规则，发出不同的报警信号。这样就能准确地报警，并采取有效的灭火措施。

（3）火灾探测器的选择

①根据房间高度选择探测器。

具体如表 6 – 3 所示。

表 6 – 3　根据房间高度选择探测器

房间高度 h（m）	感烟探测器	感温探测器			感光探测器
		一级	二级	三级	
12 < h ≤ 20	不适合	不适合	不适合	不适合	适合
8 < h ≤ 12	适合	不适合	不适合	不适合	适合
6 < h ≤ 8	适合	适合	不适合	不适合	适合
4 < h ≤ 6	适合	适合	适合	不适合	适合
h ≤ 4	适合	适合	适合	适合	适合

②根据感烟、感温探测器的保护面积及保护半径选择探测器。

具体如表 6 – 4 所示。

表 6-4　根据感烟、感温探测器的保护面积、保护半径选择探测器

火灾探测器的种类	地面面积 S（m²）	房间高度 h（m）	房顶坡度 θ					
			$\theta \leqslant 15°$		$15° < \theta \leqslant 30°$		$\theta > 30°$	
			探测器的保护面积（m²）	保护半径（m）	探测器的保护面积（m²）	保护半径（m）	探测器的保护面积（m²）	保护半径（m）
感烟探测器	$S \leqslant 80$	$h > 12$	80	6.7	80	7.2	80	8.0
	$S > 80$	$6 < h \leqslant 12$	80	6.7	100	8.0	120	9.9
		$h \leqslant 6$	60	5.8	80	7.2	100	9.0
感温探测器	$S \leqslant 30$	$h \leqslant 8$	30	4.4	30	4.9	30	5.5
	$S > 30$	$h > 8$	20	3.6	30	4.9	40	6.3

（4）火灾自动报警系统

火灾自动报警系统由探测器、手动报警按钮、火灾报警控制器、警报器构成。该系统可以分为区域报警系统、集中报警系统、控制中心报警系统和智能火灾自动报警系统四种。

①区域报警系统。

区域报警系统由区域火灾报警控制器和火灾探测器构成，系统比较简单，操作方便，易于维护，应用广泛。它既可以单独用于面积比较小的建筑，也可以作为集中报警系统和控制中心报警系统的基本构成设备。该系统结构如图 6-11 所示。

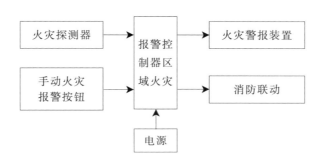

图 6-11　区域报警系统结构

②集中报警系统。

集中报警系统由集中火灾报警控制器、区域火灾报警控制器、火灾探测器、手动火灾报警按钮及报警开关信号、电源等构成。该系统结构如图 6－12 所示。集中报警系统功能比较复杂，常用于比较大的场合。

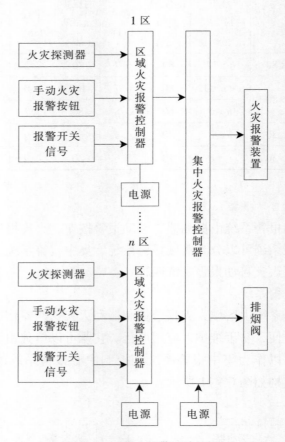

图 6－12　集中报警系统结构

③控制中心报警系统。

控制中心报警系统由消防控制设备、集中火灾报警控制器、区域火灾报警控制器、火灾探测器、手动火灾报警按钮及报警开关信号、电源、区域显示器等构成。该系统结构如图 6－13 所示。控制中心报警系统功能复杂多样，多用于大型建筑群、大型综合楼、大型宾馆和饭店等。

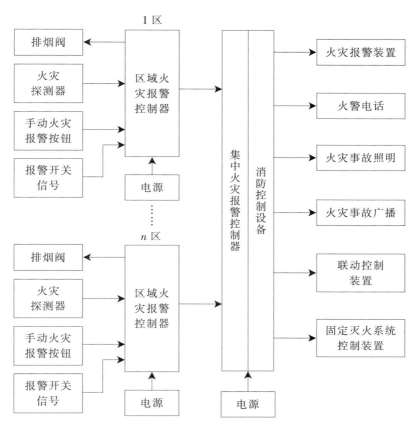

图 6 – 13　控制中心报警系统结构

④智能火灾自动报警系统。

智能火灾自动报警系统按照智能分布的位置，可以分为智能集中在探测器部分、智能集中在控制器部分和智能同时分布在探测器和控制器中三类。

智能集中在探测器部分，其探测器内的微处理器能够根据探测的情况对火灾的模式进行识别判断，并给出报警信号，在确定自己不能可靠地工作时，将发出故障信号。控制器在火灾探测过程中不起任何作用，只完成系统的供电、报警信号的接收、显示以及联动控制等功能。因为探测器体积小，所以智能化程度较低。

智能集中在控制器部分又被称为"主机智能系统"。探测器只输出探测信号，该信号传送给控制器，由控制器的微机根据预先确定的策略和方法对探测信号进行分析、计算、判断，最后进行智能化处理。该系统的主要优点是智能化程度较高，属于集中处理方式；缺点是主机负担重，一旦主机出现故障，则会造成系统瘫痪。

智能同时分布在探测器和控制器中又被称为"分布智能系统"，它是把探测器智能与主机智能相结合。该系统中的探测器具有智能特点，能够对火灾探测信号进行分析和智能处理，然后将智能处理的信息传输给控制器，由控制器进行进一步的智能处理，完成更复杂的处理并显示执行处理结果。分布智能系统探测器与控制器是通过总线实现双向信息的交流。探测器具有一定的智能处理能力，减轻了控制器的负担，提高了系统的稳定性和可靠性。这是火灾报警技术的发展方向。

（5）消防联动控制系统

消防联动控制系统是指火灾发生后进行报警疏散、灭火控制等协调工作的系统，其作用是灭火，把损失降到最低。

①系统构成。

消防联动控制系统由通信与疏散系统、灭火控制系统及防排烟控制系统等部分构成。通信与疏散系统由紧急广播系统（平时为背景音乐系统）、事故照明系统以及避难诱导灯、消防电梯与消防控制中心的通信线路等构成。灭火控制系统由自动喷淋装置、气体灭火控制装置、液体灭火控制装置等构成。防排烟控制系统主要实现对防火门、防火阀、防火卷帘、挡烟垂壁、排烟口、排烟风机及电动安全门的控制。当火灾发生时，还需要实现非消防电源的断电控制。

②自动喷淋灭火系统。

自动喷淋灭火系统属于固定式灭火系统，是目前广泛使用的固定式消防设施。它具有价格低廉、灭火效率高等特点。此系统能够在火灾发生后自动进行喷水灭火，同时发出报警信号。具体的动作程序如图6-14所示。

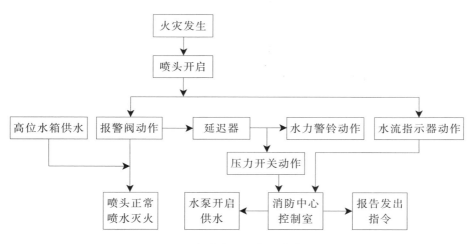

图6-14 自动喷淋灭火系统动作程序

6. 智能节能、节水、节材技术的奥秘

（1）离不开传感器

传感器在运营管理中发挥着很大的作用，就像人的眼睛、鼻子、耳朵等感官一样，能够感应需测量的内容，并按照一定的规律转换成可输出信号。传感器通常由敏感元件和转换元件构成。现在很多楼道内安装了声控灯，夜晚人走动时，发出声响，灯就能自动开启，这是由于灯内安装了声音传感器。燃气泄漏报警装置是靠燃气检测传感器发出信号而工作的，电冰箱、空调控制温度则靠温度传感器实现。

（2）采用DDC控制器

DDC直接数字控制技术在智能化中已广泛采用。计算机速度快，且具有分时处理功能，因此能直接对多个对象进行控制。在DDC系统中，计算机的输出可以直接作用于控制对象，这已成为各种建筑环境控制的通用模式。过去采用继电器等元件进行控制，随着DDC技术的发展，已被计算机控制所取代。如采用DDC系统对建筑物空调设备进行控制管理，可以改善系统的运行品质，有效节能，提高管理水平。控制点的多少是DDC系统的重要指标，控制点越多，表明其控制功能越强，可控制和管理的范围越大。在实际工程中应根据被控对象的要求选择DDC控制器的点数。

（3）采用变频技术

采用变频技术可以节能。目前许多国家均已规定流量压力控制必须采用变频调速装置，我国也明确规定风机泵类负载应该采用电力电子调速。变频技术的核心部件是变频器。变频器是利用半导体器件开与关的作用，将电网电压 50 赫兹变换为另一频率的电能控制装置。

我国的电动机用电量占全国发电量的 60% ～ 70%，风机、水泵设备年耗电量占全国电力消耗的 1/3。因此，通过变频调速器调节流量、风量，应用变频器节电潜力巨大。随着自动化程度的提高，以及人们环保意识的加强，变频器将得到更广泛的应用。

7. 未来的"智能住宅"

（1）智慧型住宅

未来的住宅是智能化的，能感应人类的存在，并能够为人类提供多种服务。现在的空调系统只是根据室温来调节温度，未来的空调系统也许会根据人的体感来调节温度，不仅让人感觉更舒适，而且十分节能。未来的住宅可以感知住户的存在和住户正在做什么，并依据住户事先设定的需求提供相应的服务。如要进房间，门就会自动打开，进门后自动关闭；如果用户不在家，电话铃不会响，如果用户正在洗澡，数字化管理中心就会自动回答，让对方晚些再打过来；当需要打扫卫生时，家用机器人就会忙碌起来，除打扫卫生，爬楼梯、端饮料都能做到，甚至科幻电影中的机器人会变成现实。这些都不是新观念，技术也已日趋成熟。

（2）绿色生态住宅

将智能产品与自然生态环境结合起来，会带给我们更舒适的生活。充分利用太阳能，降低能耗，智能化系统可以自动调节太阳能面板的角度，自动清洗太阳能面板上的灰尘，自动加水、加温等。节水技术普遍应用，住宅内可根据水的不同用途循环利用，安装家用中央水处理系统能满足人们对水的要求。给房子装上智能通风换气系统，让房子会"呼吸"，提高室内空气质量，新风充足，及时将室内污浊的空气排出，同时再把室外新鲜的空气送进屋内，保证每个房间的换气量都按一定比例分配，让室内始终处于与大自然互动的状态。智能化系统根据空气、水土情况，可自动给花园及室内花草浇水，对其进行养护，美化环境的同时节约用水。监控废水、废气、废渣的处理，如食物垃圾处理器在短时间内将有机食物垃圾研磨成细小浆状颗粒，随着水流从下水管道排出，且不会堵塞管道，方便快捷。利用智能化系统监控暖通、采光、照明等设备的运行。总之，应用智能技术产品将实现建筑的节能、节水，并与自然生态环境融为一体。

（3）未来的"智能住宅"，更适合在家上班

未来的"智能住宅"将更加舒适、环保、安全和方便。由于数字化技术的不断发展，有些行业的工作可以在家完成。依靠网络作为人机联系的工具，数字化技术的应用不仅使人们能够在家中建立家庭影院，而且可利用全世界的信息资源，开展各类业务和研究工作，如在家里利用计算机虚拟空间举行各种工作会议。因此，不少公司对摩天大厦已不再感兴趣，而更热衷于绿色建筑。这对减小城市交通压力、改善环境起到了积极作用。

（4）未来"智能住宅"案例

①比尔·盖茨的智能化住宅。

微软公司创始人比尔·盖茨，连续十几年蝉联世界首富，被美国人誉为"坐在世界巅峰的人"。据有关资料，盖茨花了约 7 年时间、6 000 万美金建成的豪宅，占地约 20 000 公顷，建筑物总面积超过 6 100 平方米。豪宅靠近雷德蒙德市的微软公司总部，前方俯瞰华盛顿湖，背后深入湖畔东岸的一座山丘。豪宅内铺设有多媒体通信电缆（大部分是光纤），把设备与电脑服务器连接起来，并使用微软操作系统控制各种高科技设施。此住宅智能化的特点表现为：

住客们将佩戴特殊的"别针"，屋内的电脑感应器能随时按照住客的喜好，调校室内温度、灯光、音响和电视系统。客人来访时只要佩戴小型电子胸针，电脑即可识别他们的位置，为其提供各种服务。

有了这间"聪明屋"，盖茨在回家途中便可在车内通过电脑遥控家中的浴缸，自动注入适宜温度的水，待他回家后即可享用。

住宅的门口安装了微型摄像机，除主人外，其他人欲入内，必须通过摄像机通知主人，由主人向电脑下达命令，大门方可开启；否则，任何人都无法进入。

住宅的厨房中装有一套全自动烹调设备。

当主人睡觉时，只要按下"休息"开关，设置在房子四周的防盗报警系统便开始工作。

住宅的厕所中装有检查身体的电脑系统。每当有人如厕时，与马桶相通的体检装置即自动分析大小便的情况，如发现异常，电脑会立即发出提示。

当发生火灾等意外时，住宅的消防系统可通过通信系统自动对外报警，显示最佳营救方案。同时，关闭有危险的电力系统，并根据火势分配供水。

②默特尔智能公寓。

英国巴恩斯利市有一栋旧住宅被改造为一栋智能型公寓，称为"默特尔智能公寓"。这栋智能公寓利用高科技，降低残疾人对护理人员的依赖程度，为他们创造了一个方便的生活环境。公寓可以依据残疾人的具体情况，如识别手、脚、胳膊，以及通过眨眼、吸气或呼气等动作，来控制门及室内设备，多达232项可控制功能。可按事先设定的程序，自动完成一系列动作，实现智能化生活。如采用残疾人可以操作的动作打开大门后，门就会自动关上。同时，房间内的灯也会亮起来。针对失聪者，如果门铃或电话铃响了，房间内就会有灯光闪烁，予以告示。屋内有特殊滚梯和垂直升降的电梯来搭载轮椅上楼。在厨房有一套感应型的电子炉具，它既可以遥控，也可以接触控制，失明人士还可以通过开关来控制。针对站立的或坐在轮椅上的人，操作台可以通过遥控来升高或降低。水龙头也可以常规或使用感应器来开关。

另外，浴室设计也颇具特点，如残疾人可以旋转移动洗浴使用的地板式淋浴器，同时设有干体机，为那些无法使用浴巾的残疾人提供服务。卫生间有两个臂触式开关，具有不同的功能。

四、 部分发达国家绿色建筑的评价标准

1. 美国的能源及环境设计先导计划

LEED（Leadership in Energy and Environmental Design）是一个绿色建筑评价体系。它是目前世界各国建筑环保评价标准中最完善、最有影响力的标准。LEED 评定标准总体而言是一套比较完善的评价体系。

（1）LEED 评定分类评分及权值

LEED 作为条款式评价系统，从五个大的方面及一系列子项目来对建筑项目进行绿色评定，包括可持续场地的选择、有效利用水资源、能源与大气、材料与资源、室内环境质量、创新设计。在每一个大方面，美国绿色建筑委员会都提出了前提条件、目的和相关的技术指导。首先列有必须满足的前提条件，满足了前提条件，才能进入项目评分。每一方面又包含了若干具体得分点，项目按各具体方面达到的要求，评出相应的积分，各得分点都包含目的、要求和相关技术指导三项内容。积分累加得出总评分，由此建筑绿色特性便可以用量化的方式表达出来。LEED 根据每个方面对环境和住户影响的大小确定一个分值，用以定量考核，其评定条款数、分值、权重、认证评价等级见表 6-5。

表 6-5　LEED 评定分类评分及权值

项目	LEED 2.0			LEED 2.1			LEED - CI			LEED - EB		
	条款数	分值	权重（%）	条款数	分值	权重（%）	条款数	分值	权重（%）	条款数	分值	权重（%）
可持续场地	9	14	20	9	14	20	9	14	20	9	14	20
有效利用水资源	3	5	7	3	5	7	3	5	7	3	5	7
能源与大气	9	17	25	9	17	25	9	17	25	9	17	25
材料与资源	8	13	19	8	13	19	8	13	19	8	13	19
室内环境质量	10	15	22	10	15	22	10	15	22	10	15	22
创新设计	2	5	7	2	5	7	2	5	7	2	5	7
总计	41	69	100	41	69	100	41	69	100	41	69	100
评价得分 一般认证	26～32			26～32			21～26			28～35		
银级认证	33～38			33～38			27～31			36～42		
金级认证	39～51			39～51			32～41			43～56		
铂金认证	>51			>51			>41			>56		

美国绿色建筑委员会致力于通过高成本效率和绿色节能技术，打造

繁荣并可持续发展的未来建筑。该委员会由具有 LEED 专业认证资格的专业人员组成，是综合考虑绿色建筑设计、施工和运行的最权威的认证体系，已有 42 000 个商业项目参与 LEED 的评价。除此之外，13 000 座家庭建筑获得了 LEED for Homes 的认证，另有 61 000 座家庭建筑已注册。

LEED 认证建筑将为家庭、企业和纳税人省钱；减少绿色建筑温室气体的排放；为住宅、工作人员和大型社区营造一个健康的环境。美国绿色建筑委员会对相关的研究和展会十分支持，比如大型国际会议和关注绿色建筑的展览会。同时，委员会还在当地积极传播绿色建筑的知识。

LEED 认证有一项是关于优化能源使用和环境的创新设计，用以鼓励对于绿色建筑开创性的工作。根据最后得到的评价总得分，被评价的建筑系统可以获得不同的认证等级：一般认证、银级认证、金级认证和铂金认证。铂金级是最高级别，迄今为止，只有为数不多的几个项目获过此殊荣。

（2）LEED 认证评价项目

可持续场地（14 分）。包括建筑过程中水土保持与地表沉积控制；保持和恢复公共绿地；减少室外光污染；合理的租户设计和施工指南。

有效利用水资源（5 分）。LEED – CS 在建筑节水这一部分，将节水分为"景观用水量降低，利用先进的科学技术节约用水，减少一般性日常用水"三个得分项。可采用雨水回收技术、中水回用技术等。

能源与大气（17 分）。在建筑过程中必须达到最低耗能标准，在 ASHRAE 标准中对建筑过程中最低能耗量有比较明确的解释，LEED 也参照了这个标准。主要采用的技术措施有：不使用含氟利昂的制冷剂；使用双层 LOW – E 玻璃；优化保温和遮阳系统；采用被动设计；安装分户计量系统；选用节能空调；安装太阳能、风能等可再生能源系统等。

材料与资源（13 分）。针对建筑材料浪费这一实际情况，LEED 认证开创性地加了"材料与资源"这一项得分点。此得分点旨在推广建造过程中合理利用资源，尽量使用可循环材料，并以加分的形式体现在 LEED 认证过程中。材料与资源的评估主要参考以下几条：可回收物品的储存和收集；施工废弃物的处理；资源再利用；循环利用成分；本地材料使用率。

室内环境质量（15 分）。室内环境空气质量监控，主要是对建成后的建筑物室内环境的品质进行监测。这一得分点主要参考以下几条：最低室内环境品质要求；吸烟环境控制；新风监控；加强通风；施工室内空气环境品质管理；低挥发性材料的适用；室内化学物质的使用和控制；系统的可控性；热舒适性；自然采光与视野分布。采用的技术措施有：安装新风监控系统；在危险气体或化学制品储存和使用区域采用独立排风系统。

创新设计（5 分）。创新设计是指如在楼宇设计过程中，增加了合理的、具有开创性的、对节能环保有很大益处的设计理念，可获得额外的创新得分。

LEED 2.0 和 LEED 2.1 总分都为 69 分，如果得分为 26 ~ 32 分，则认证通过；33 ~ 38 分为银级；39 ~ 51 分为金级；52 ~ 69 分为铂金级。

2. 英国建筑研究院环境评价方法

（1）BREEAM 评价体系简介

BREEAM（Building Research Establishment Environmental Assessment Method）即英国建筑研究院环境评估方法，是世界上第一个绿色建筑评估法，1990 年由英国建筑研究院提出。BREEAM 评价系统的目的是给绿色建筑实践提供权威性的指导，减少建筑对环境的负面影响。

1992 年英国建筑研究院公布施行了 BREEAM 既有建筑分册。1993 年对 BREEAM 办公建筑分册进行了第一次修订，同年发布了现有办公建筑分册。1998 年 BREEAM 完成了对办公建筑分册的最近一次修订（简称"BREEAM 98"），把对"现有办公建筑"和"新办公建筑"的评价包括在一个框架里。

BREEAM 评价系统不断得到完善和扩展，可操作性大大提高，已成为各国类似评估手册中的成功范例，受其影响和启发，加拿大和澳大利亚，以及中国香港都建立了各自的 BREEAM 评价系统。

BREEAM 98 是为建筑所有者、设计者和使用者设计的评价体系，以评判建筑在其全生命周期中所有阶段的环境性能。通过对一系列的环境问题，包括建筑对区域、场地和室内环境的影响进行评价，来决定是

否给予建筑环境标志认证。

BREEAM 认为根据建筑项目所处的阶段不同，评价的内容也有所不同。在 BREEAM 98 中，建筑评价的内容包括设计建造、建筑性能和运行管理三个方面。设计建造包括设计过程中可以决定的有关因素，如选址、地址的生态改变、部分材料选用等；建筑性能评价建筑的结构及服务，包括建筑自身对环境的基本影响，是建筑评价内容的核心；运行管理则是为评估已经使用的建筑而设，包括管理政策和实施的评估。

BREEAM 98 的评估过程如图 6 – 15 所示。

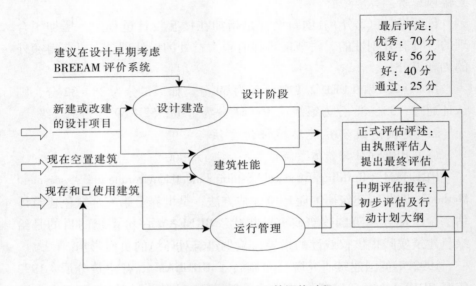

图 6 – 15　BREEAM 98 的评估过程

（2）BREEAM 的评估方式

BREEAM 鼓励在建造过程中提高建筑性能，向建筑用户交付具有更高健康水准和舒适度、更低环境影响的建筑。

BREEAM 根据以下九个类别对建筑进行评分：

① 能量：运行能耗和二氧化碳排放。

② 管理：管理措施、性能验证、场地管理和采购管理。

③ 健康和舒适：室内外的相关因素（噪声、光照、空气质量等）。

④ 交通：与交通相关的二氧化碳排放和选址等因素。

⑤ 水：水源消耗和节水性能。

⑥ 材料：建筑材料对环境的隐性影响，如材料在建筑全生命周期中的碳排放量。

⑦ 土地利用：场地类型等。

⑧ 污染：对空气和水的污染。

⑨ 生态：关于生态价值、生态保护，对场地的生态影响。

每个类别的得分由每个类别所获积分乘以环境因素权重得出，然后将每个类别的得分相加即为总评分。计算出总分后可根据每个认证级别的得分要求换算出最终认证的等级水平。

其等级有：通过、良好、优秀、优异、杰出。

当建筑物通过或超过某一项指标的基准时，就会获得该项指标的分数。每项指标都计分，分值统一。评分标准根据评价内容而有所不同。例如：在"能量"一项中，当二氧化碳的年释放量少于 50 千克/平方米时，可得 2 分，其后每减少 5 千克/平方米可多得 2 分，当达到 0 释放量时，得 20 分；在"交通"一项中，80% 的住户距主要公交站 500 米以内得 4 分，1 000 米以内得 2 分，超过 1 000 米则为 0 分；在"水"一项中，每卧室每年节水 45 立方米得 6 分，其后每增加 5 立方米可多得 4 分等。

在 2004 年的 BREEAM 办公建筑版本中，各项指标的预计最高得分分别为："能量"项 136 分、"管理"项 160 分、"健康和舒适"项 150 分、"交通"项 104 分、"水"项 48 分、"材料"项 98 分、"土地使用"项 30 分、"污染"项 144 分、"生态"项 126 分。所以，其最高总分数是 996 分。评估书上会清楚记载通过了哪项指标，但没有负面评价的叙述。

BREEAM 评估经由独立的评估师开展，评估师须接受英国建筑研究院的专门培训并得到认证。评估师根据评估情况撰写报告，归纳项目的各项评估表现，再计算总分。完成评估后，业主将取得认证的证明。评估师参与建筑设计流程越早，越容易取得较高的评级，且可以降低成本。

为保证质量和达到最高标准，英国建筑研究院组成了可持续发展委员会，该委员会监管 BREEAM 的开发以及其他相关事项。委员会成员由各领域从业人士组成，包括设计师、政府决策者、金融家、保险公司人员等。英国建筑研究院的 BREEAM 评价体系及其认证评估师经英国最后认证机构认可。同时该体系也采用 ISO9001 质量管理体系管理。

3. 加拿大"绿色建筑挑战"评价方法

"绿色建筑挑战"（Green Building Challenge，GBC）评估系统被称为 GBTool。这是一个建立在 Excel 平台上的软件类评价工具，采用了定性和定量评价相结合的方法。评估目的是对设计及完工后的建筑的环境性能予以评价。

GBTool 也是一套条款式评价系统。GBTool 的评估范围包括新建和改建翻新的建筑，评估手册共有 4 卷，包括总论、办公建筑、学校建筑、集合住宅。

GBTool 对建筑的评定内容包括从各项具体标准到建筑总体性能。其环境性能的评价框架按级分成了 4 个标准层次，从高到低包括：环境性能问题、环境性能问题分类、环境性能标准、环境性能子标准。GBTool 从资源消耗、环境负荷、室内环境质量、服务质量、经济性、使用前管理和社区交通共 7 个环境性能问题入手评价建筑的"绿色"程度。

4. 日本的建筑物综合环境性能评价体系

在可持续发展观的大背景下，2001 年 4 月，日本成立了"建筑物综合环境评价研究委员会"，并合作开展了项目研究，最终开发出"建筑物综合环境性能评价体系"。其以各种用途、规模的建筑物作为评价对象，从"环境效率"定义出发进行评价，试图评价建筑物在限定的环境性能下，通过措施降低环境负荷的效果。

（1）体系概要

建筑物综合环境性能评价体系分为 Q（建筑环境性能、质量）与 L（建筑环境负荷）。Q 包括：Q1—室内环境；Q2—服务性能；Q3—室外环境。L 包括：L1—能源；L2—资源、材料；L3—建筑用地外环境。其每一项都含有若干子项。

建筑物综合环境性能评价采用 5 分评价制。满足最低要求评为 1 分；达到一般水平评为 3 分。参评项目最终的 Q 或 L 得分为各个子项得分乘以其对应权重系数的结果之和。

评分结果显示在细目表中,接着可计算出建筑物的环境性能效率,即 BEE 值。在评价体系中,城市环境性能的等级是通过 BEE 的数值来确定的,它是 Q 与 L 的比值(Q/L),包括五个等级:极好(S)、良好(A)、好(B+)、略差(B-)和差(C),如表6-6所示。如果一个城市拥有较高的 Q 值和较低的 L 值,那么 BEE 的数值会较高,即城市的环境性能是更加可持续的。

表6-6 基于 BEE 值的对应评价等级

评价等级	BEE 值	图示
极好(S)	BEE = 3.0 ~ 10.0,Q ≥ 50	★★★★★
良好(A)	BEE = 1.5 ~ 3.0	★★★★
好(B+)	BEE = 1.0 ~ 1.5	★★★
略差(B-)	BEE = 0.5 ~ 1.0	★★
差(C)	BEE < 0.5	★

(2)评价步骤

评价过程包括以下五个步骤:

第一,对现状 Q 和 L 进行评价。按照一定的方法和计算标准将结果用分值的形式表示。

第二,用 BEE 值综合评价环境性能。这里要注意的是,即使斜率大于3,如果 Q 值没有超过50,BEE 值也不会被评为最高等级 S 级。从评价的实际角度考虑,即使 Q/L 远大于10,BEE 值最高被确定为10。

第三,评价 Q 和 L 的未来预测值和目标值。

第四,计算未来 BEE 的数值。

第五,为了确定改进的可行性,以实现城市的长期目标,将步骤一、步骤二中的现状 Q、L 和 BEE 值与步骤三、步骤四中的未来 Q、L 和 BEE 值进行比较。

如图6-16所示,某城市建筑现状:BEE = 35/50 = 0.7,等级:略差(B-);未来目标:BEE = 54/30 = 1.8,等级:良好(A)。

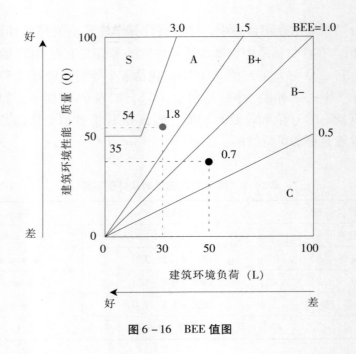

图 6-16　BEE 值图

5. 德国可持续建筑评价体系

德国可持续建筑评价体系创建于 2007 年，由德国可持续建筑委员会与德国政府共同开发编制，具有国家标准的性质。其覆盖建筑行业整个产业链，整个体系有严格全面的评价方法、庞大的数据库及计算机软件支持。该体系是当今世界上最先进、完整，同时也是最新的可持续性建筑评价体系。

该体系认证是一套"透明"的评估认证体系，易于理解和操作。有生态质量、经济质量、社会文化和功能质量、技术质量、过程质量、基地质量 6 个专题领域，共计 56 条标准条款。德国可持续建筑评价体系如表 6-7 所示。

表 6-7　德国可持续建筑评估体系

专题领域	序号	具体标准条款	权重（%）
生态质量	1	全球温室效应的影响	22.5
	2	臭氧层消耗量	
	3	臭氧形成量	
	4	环境酸化形成潜能	
	5	化肥成分在环境中的含量	
	6	对当地环境的影响	
	7	其他对全球环境影响的因素	
	8	小环境气候	
	9	一次性能源需求	
	10	可再生能源所占比重	
	11	饮用水需求	
	12	废水处理	
	13	土地使用	
经济质量	1	全生命周期建筑成本与费用	22.5
	2	物业的价值稳定性	
社会文化和功能质量	1	冬季热舒适度	22.5
	2	夏季热舒适度	
	3	室内空气质量	
	4	声环境舒适度	
	5	视觉舒适度	
	6	使用者干预与可调性	
	7	屋面设计	
	8	安全性和故障稳定性	
	9	无障碍设计	
	10	面积使用率	
	11	使用功能可改性与舒适性	
	12	公共可达性	

（续上表）

专题领域	序号	具体标准条款	权重（%）
社会文化和功能质量	13	自行车使用舒适性	
	14	通过竞赛保证设计和规划质量	
	15	建筑中的艺术设施	
技术质量	1	建筑防火	22.5
	2	噪声防治	
	3	建筑外围护结构节能	
	4	建筑外围护结构防潮技术	
	5	建筑外立面易于清洁	
	6	建筑外立面易于维护	
	7	环境可恢复性	
	8	建筑可循环使用	
	9	建筑易于拆除	
过程质量	1	项目准备质量	10
	2	整合设计	
	3	设计步骤方法的优化和完整性	
	4	在工程招标文件和发标过程中考虑可持续因素及其证明文件	
	5	创造最佳使用及运营前提条件	
	6	建筑工地、建设过程	
	7	施工单位质量资格预审	
	8	施工质量保证	
	9	系统验收调试与投入使用	
基地质量	1	基地局部环境的风险	单独评分
	2	与基地局部环境的关系	
	3	基地及小区周边的形象及现状	
	4	交通状况	
	5	邻近的相关市政服务设施	
	6	邻近城市的基础设施	

6. 澳大利亚"绿色之星"评价体系

（1）"绿色之星"评价体系简介

"绿色之星"评价体系是由澳大利亚绿色建筑委员会于 2003 年开发完成的自愿参评的可持续评价体系，旨在帮助房地产业和建筑业减少建筑对环境产生的不利影响，保证使用者的健康以及提高使用者的工作效率，真正做到节省开支。目前，"绿色之星"评价体系具有针对不同建筑类别的评价工具，建筑类别包括教育建筑、医疗建筑、工业建筑、多层集合住宅、办公建筑、办公建筑建造、办公建筑设计、办公建筑室内、购物中心、会展建筑、观演建筑、社区等。"绿色之星"评价体系包括以下几个部分：管理、室内环境质量、能源、交通、水、材料、土地利用与生态、排放物、创新，每个部分均细分为若干子项。在设计阶段、后期施工和室内设备安装阶段都要分别进行评分。另外，考虑到地域差异，每个评价部分都附有权重分析的内容。

2013 年，澳大利亚绿色建筑委员会发布了名为"绿色之星的价值"的报告，报告中分析了澳大利亚境内 428 幢（574.6 万平方米）获得"绿色之星"认证的建筑，并与一般建筑比较其能耗值。研究表明，获得"绿色之星"认证的建筑产生的温室气体比一般建筑少 62%，耗电量比一般建筑少 66%，用水量比一般建筑少 51%。报告还发现，在建的绿色建筑可以保证建筑废弃物的重新利用率高达 96%，而一般新建建筑物的废弃物重新利用率为 58%。

（2）"绿色之星"的应用

"绿色之星"评价认证的等级可分为"四星绿色之星""五星绿色之星""六星绿色之星"：

"四星绿色之星"评价认证（45~59 分）。表明该项目为环境可持续设计，为建造领域的"最佳实践"。

"五星绿色之星"评价认证（60~74 分）。表明该项目为环境可持续设计，为建造领域的"澳大利亚杰出"。

"六星绿色之星"评价认证（75~100 分）。表明该项目为环境可持续设计，为建造领域的"世界领先"。

目前已经有超过 600 个项目获得了"绿色之星"的认证。第一个获得认证的绿色之星建筑是堪培拉国际机场的百利达拉电路公司，其

2004 年获得了"五星绿色之星"。2005 年，墨尔本市政府二号楼成为第一个达到"六星绿色之星"标准的办公建筑。弗林德斯药物中心南翼新楼是澳大利亚第一个获得"绿色之星"的健康护理建筑。

7. 新加坡绿色标识评价体系

（1）绿色标识评价体系简介

新加坡建设局绿色标识计划始于 2005 年，是推动新加坡建筑工业向环境友好型建筑发展的激励计划。目的在于促进环境可持续性建筑的建成和提高开发者、设计者和建造者的环境意识。

建设局的绿色标识评价体系是结合环境设计和能效而开发的标准体系，为房地产市场提供了一个有意义的建筑标签。它对企业形象、建筑出租和出售价值等方面都具有积极的影响。

新加坡绿色标识的意义主要有：减少设备用水、用能费用；减小对环境的潜在影响；提高室内环境质量，营造健康、高效的工作场所；为进一步改善建筑质量提供清晰的指导。

申请和评估程序：首先开发商、建筑业主和政府部门必须向建设局提交申请表，并在建设局绿色标识计划中注册。然后建设局评估组召开会议，邀请项目团队或者建筑管理团队参加，简要告知关于相关报告和文件证明材料的标准和要求，以便提交后续材料。团队后续材料准备完毕后，将在之后的某时段进行实际评估。评估包括设计和文件核查，以及场地确认。评估之后提交书面证明材料。评估结束后，评估方即给项目方或建筑管理方寄送评估结果，告知其项目认证的星级。

（2）绿色标识的应用

为评估新建和既有建筑整体环境性能，建设局提供了一个综合框架，以促进建筑的可持续设计、建造和运营实践。在新建建筑的评估框架之下，鼓励开发者和设计团队设计建造绿色、可持续发展的建筑，促进建筑节能、节水，营造更健康的且适合更多绿色植物生长的室内环境。对于既有建筑，鼓励建筑业主和运营者树立可持续的运行目标，减小建筑在全生命周期内对环境和使用者所造成的负面影响。

评估标准主要涉及能效、水资源利用、环境保护、室内环境质量、其他绿色特征和革新措施等几个方面。

评估会确认特定的能效和环境友好的特征，以及这些特征在项目中的具体运用。优于一般项目的环境友好特征将得到相应的分值。根据所得的所有评估分值，建筑将被认证为相对应的建设局绿色标识等级，共四级。已认证的绿色标识建筑如要保留认证标识等级，应每三年进行重新认证。获得认证的新建筑再认证时，使用既有建筑认证标准；既有建筑再认证时仍使用既有建筑认证标准。

第七章　国内外典型绿色建筑

一、国内典型绿色建筑

（一）深圳建科大楼

1. 项目概况

深圳建科大楼（见图7-1和图7-2）是深圳市建筑科学研究院科研办公楼。该项目以探索低成本和软技术为核心的绿色建筑模式为宗旨，以实现建筑全生命周期内最大限度节约和高效利用资源，以及保护环境、减少污染为目标，融入了深圳建科院在多年实践中取得的研究成果、专利技术，承载了实现绿色生活、绿色办公方式的梦想，期望成为一座荟萃地域特色、绿色科技和建筑艺术的绿色科研办公建筑。

图7-1　建科大楼全景图

图7-2　建科大楼仰视图

深圳建科大楼总建筑面积 1.8 万平方米，地上 12 层，地下 2 层，建筑功能包括实验、研发、办公、学术交流、地下停车、休闲及生活辅助等。建筑设计采用功能立体叠加的方式，将各功能块根据性质、空间需求和流线组织，分别安排在不同的竖向空间体块中，附以针对不同需求而设置的建筑外围护构造，从而形成了由内而外自然生成的独特的建筑形态。

目前，深圳建科大楼已实现了最初的建设目标。其以 4 300 元/平方米的工程单方造价，达到了国家绿色建筑评价标准三星级和美国 LEED 认证金级的要求，取得了较为突出的社会效益。经初步测算分析，1.8 万平方米规模的整座大楼每年可节约运行费用约 150 万元，其中相对常规的建筑节约电费约 145 万元，节约水费约 5.4 万元。节约标煤约 610 吨，每年可减排二氧化碳约 1 600 吨。

2. 共享设计方法

建筑设计过程是一个共享参与权的过程，设计的全过程体现了权利和资源的共享，所有相关人员都共同参与和设计；同时，建筑本身是一个共享平台，设计结果要实现建筑本身为人与人、人与自然、物质与精神共享提供一个经济、有效的平台的目的。

从方案创作开始，整个过程都定量验证，并大量应用新的设计技术，利用计算机对能耗、通风、采光、太阳能等进行模拟分析。保证楼体的竖向布局与功能相关联，材料、通风、自然采光、外墙构造、立面及开窗形式等各方面的确立也都经过了优化组合。在设计中，为了确定一种技术方式，往往会研究十几种技术路线的贡献率，最后选定最佳平衡值。

从设计到建设，深圳建科大楼采用了一系列适宜技术，共 40 多项（其中被动、低成本和管理技术占 68% 左右），每一项技术都是建科大楼这一整合运用平台上"血肉相连"的一部分。它们并非机械地对应于绿色建筑的某个单项指标，而是在机理上响应绿色建筑的总体诉求，是在节地、节能、节水、节材诸环节进行了整体考虑，并能够满足人们舒适健康生活需求的综合性措施。

3. 绿色建筑的特性

（1）社会化建筑

建筑在全生命周期内对于自然资源与社会资源的消耗、对城市环境

及周边居民的影响不容忽视。

1）开放

深圳建科大楼通过与城市公共空间融合的建筑形态和开放的展示流线，以积极的态度向每一个前来的市民展示绿色生态理念、节能技术的应用以及实时运行情况，以更直观、"可触摸"的方式向人们普及和宣传绿色建筑的理念，使绿色、生态、可持续发展的理念和绿色生活方式深入人心。

2）高效节能

①节能60%以上。项目建筑设计总能耗为国家批准或备案的节能标准规定值的75.3%。主要节能贡献要素：节能外围护结构、空调系统、低功率密度照明系统、新风热回收、二氧化碳控制、自然通风、规模化可再生能源。

措施1：量体裁衣节能外围护结构。大楼屋顶采用30毫米厚的XPS倒置式隔热构造，同时在南北主要区域采用种植屋面；5层及5层以下的外墙采用挤塑水泥外墙板和装饰一体化的内保温结构，7层以上外墙采用加气混凝土砌块，外贴LBG金属饰面保温板；外窗玻璃部分采用传热系数不超过2.60、遮阳系数不超过0.40的中空LOW－E玻璃铝合金窗，西南立面部分采用透光比为20%的光电幕墙，同时，东立面、北立面和南立面均采取了外遮阳措施，如安装遮阳反光板等。

措施2：4种节能空调对比应用。地下1层实验室采用水环式空调，冷却水就近采用水景池内的水，由于靠近水景池，管路系统简单，运行灵活可靠。主要办公区域采用"水环式空调＋冷却塔＋风机盘管"的模式。9层南区和11层南区为小开间空间，考虑到除平时使用空调外，某些房间还会在节假日被使用，故采用"风冷变频多联空调系统＋全热新风系统"的模式。10层采用"高温冷水机组＋辐射顶板＋溶液新风除湿系统"的模式，新风经除湿降温后承担室内湿负荷，干式风机盘管（或毛细管冷辐射吊顶，见图7－3）承担室内显热负荷。

图 7 - 3　毛细管冷辐射吊顶空调末端

措施 3：绿色节能照明。会议区域照明和地下车库照明选用 LED 光源，楼梯间采用受红外感应开关控制的自熄式吸顶灯（节能灯光源）；大厅、走道主要以全景节能筒灯为主；办公区域均采用格栅型荧光灯盘，光源选用 T5 灯管，替代传统的 T8 灯管。

措施 4：热回收。新风系统采用全热交换器，通过新风与排风的热交换，回收部分冷量。

措施 5：新风可调和变频技术的应用。全空气系统的新风入口及其通路均按全新风配置，通过调节系统的风阀开启度，可实现过渡季节按全新风运行，空调季节按最小新风比运行。新风比的调节范围为 30%～100%。冷却塔和冷却水泵根据负荷变化可进行运行台数调节或变频调节。

措施 6：能源管理系统。全楼使用能耗计量系统。系统分硬件、软件两部分：硬件系统主要包括各种能耗基表如水表、电表、热能表等；软件系统主要包括抄收部分如抄表模块、集中器等，以及数据接收处理部分如管理电脑、数据库服务器等，分别对各种用能系统的用能量进行计量、加工、存储。

措施 7：可再生能源利用。每层残疾人卫生间兼淋浴房采用半集中式太阳能热水系统；食堂、专家公寓浴室采用集中式太阳能热水系统。大楼屋顶花架安装了单晶硅光伏电池板（见图 7 - 4），西立面和南立面采用光伏幕墙系统。同时，与光伏遮阳棚结合的多晶硅光伏组件，将光伏板和遮阳构件结合，最大限度地利用太阳能，并起到遮阳的作用。生活热水基本利用太阳能热水系统，利用率高于50%；光伏发电量为建筑用电总量的5%~7%。

图7-4　单晶硅光伏电池板

②节水43.2%以上。结合当地经济状况、气候条件、用水习惯和区域水专项规划等，统筹、综合利用各种水资源，采用雨水收集、中水处理回用等措施。在给水排水系统设计、节水器具选用、人工湿地污水处理系统的布置等方面皆从节水的角度考虑。非传统水源利用率为43.52%。

③节材。项目设计无装饰性构件，全部采用预拌混凝土，可再循环材料使用重量占所有建筑材料总重量的10.15%。所有应用材料均以满足功能需要为目的，将不必要的装饰性材料消耗降到最低。充分发挥各种材料自身的装饰和功能效果。如办公空间取消传统的吊顶设计，采用暴露式的顶部处理，采用磨光水泥地面，设备管线水平、垂直布置均暴露安装，减少围护用材，同时方便更换检修，避免二次破坏的材料浪费。采用整体卫生间设计，利用产业化生产标准部件，提高制造环节的材料利用率，节约用材。

（2）人与自然共享平台

从绿色建筑的设计理念来说，任何人工的建筑其实都占据了原属于大自然的青山绿水，应该对所占据的部分进行深圳生态补偿，努力营造一种人和大自然的和谐关系——人与自然的共享。深圳建科大楼的设计也遵循着这一理念，在一个只有 3 000 平方米用地的高密度办公楼里，营造了远远超过 3 000 平方米的花园（见图 7-5 和图 7-6），回馈给自然和工作在这里的人们。花园，已不是传统意义上的"非功能空间"，而是一个"多功能空间"。

图 7-5　空中花园

图 7-6　免浇水屋顶花园

1）自然通风设计

对建筑场地的环境进行研究（建立监测站），根据监测数据模拟分析建筑风环境（风压、风量等），并成为建筑方案最终确定的重要考虑因素。根据室外风场规律，进行窗墙比控制，然后研究各个不同立面，采用不同的外窗形式，如平开、上悬、中悬窗等（见图 7-7），结合采用遮阳反光板（见图 7-8）；同时注重外窗的朝向和形式，考虑外部噪音影响。在建筑平面上，采用大空间和多面通风设计，实现室内舒适通风的环境，由开窗的各种功能需求自然地确定大楼的建筑外围护构造选型，即由功能需求决定形式。

图 7 – 7　中悬窗

图 7 – 8　遮阳反光板

2）自然采光设计

报告厅和办公区约90%的面积采光系数超过2%，地下1层比室外地面高1.5米，周边设置下沉式庭院，通过玻璃采光顶加强采光效果（见图7 – 9）。地下2层主要通过采光井等加强自然采光，车库、车道则利用光导管达到采光效果。

图 7 – 9　可自然采光和通风的报告厅（开启状态）

3）噪音控制

通过结构措施防噪，在1～5层设置展厅、检测室和实验室等非办公房间以减小开窗面积，减小室外噪音对人们生活和工作的影响；采用双层窗，在受室外噪音影响较大的房间采用LOW – E中空玻璃，达到隔热与防噪的目的。要求其计权隔声量不小于30分贝；局部采取室内吸声降噪措施。

4）健康的工作环境

室内环境充分体现了人性化的设计。大楼每层下风向的西北角设有专用吸烟区，该区也是建筑北区在西面的一个热缓冲层。为研究和能源审计的需要，除对墙体内表面温度、房间温度、湿度进行长期监控外，同时对二氧化碳进行长期监控与预测，并定期监测噪音等级；建筑采用活动外窗，加强自然通风；内部功能房间装修时采用绿色涂料和黏结剂，使用不含甲醛的复合木质材料；办公区的复印机、打印机集中设置在中间半室外的休闲平台上。

（3）人与人共享平台

深圳建科大楼公共交流面积为 40% 左右。每层设置的茶水间，成为大楼空中庭院的一部分；在鸟语花香的庭院里办公，相信是很多人的梦想。而建科大楼通过"凹"字形平面设计将这个梦想变为现实，南北两部分的办公空间通过中央走廊联系起来，集中形成宽大的空中庭院。配合所在楼层的不同功能定位，这些或大或小的庭院里，有的成为花园，有的成为交流平台、咖啡茶座，甚至成为"日光浴场"。建科大楼的使用空间是亲和朴实的，就像自己的家一样，没有大尺度空间和那些所谓的艺术空间，消除了其对人所产生的距离和敬畏感，在这里办公让大家变得更加亲近和自然，如图 7-10 所示。

图 7-10　绿化平台

（4）生活工作共享平台

在深圳建科大楼里很难将工作和生活截然分开，除了办公空间，大楼里分布着各种"非办公"的功能场所，有屋顶菜地、周末电影院、咖啡间、公寓、K歌房、健身房、按摩保健房、爬楼梯的"登山道"、员工墙、心理室等，健康的身体和舒畅的心情是高效工作的有力保障，绿色办公大楼为员工创造了有益于身心健康的工作环境。

4. 使用中的再设计

绿色生活永不止步，设计也不会因大楼的建成而停下来。遵循绿色理念应当贯穿建筑全生命周期的原则，在新的大楼中，通过真实的工作、生活来体验、评估设计和运行管理；大楼的各项运行数据和实施效果被实时记录下来，成为进一步研究探索绿色建筑的第一手材料。也许在不久的将来，技术的日新月异使得它不再承担新建绿色建筑的"示范"作用，但它也会继续成为"既有建筑改造更新和可持续发展"的"标兵"。

（二）上海生态建筑示范楼

上海生态建筑示范楼（见图7-11）由一幢代表联排小住宅的零能耗独立住宅和一幢代表多层公寓的低能耗生态多层公寓组成（见图7-12）。独立住宅建筑面积共238平方米，为二层框架结构，在这一幢建筑中全面集成了当今国内外的生态住宅先进技术，力求达到"零"建筑能耗的目标，许多技术将得到推广应用。生态多层公寓将多层建筑一梯两户型单体两套和木结构轻质屋顶加层合为一体，总建筑面积为402平方米。以适宜技术推广为目标，该建筑中集成了大量即可在住宅建设中推广应用的生态住宅实用技术。

图7-11 上海生态建筑示范楼鸟瞰图

图 7 - 12　独立住宅（左）与多层公寓（右）

上海生态建筑示范楼实现了"零（低）能耗建筑节能、资源高效循环利用、智能高品质居住环境"等先进技术集成目标。

1. 零（低）能耗建筑节能

零（低）能耗建筑是指通过最优化的建筑节能设计，采用先进的节能材料和节能技术使建筑物的使用能耗降到尽可能低的水平；再采用可再生能源如太阳能、地热能和风能等提供建筑采暖、空调、照明和热水供应的能量需求，而不消耗任何常规能源如煤、石油和天然气等的建筑。零（低）能耗建筑是实现资源节约型、环境友好型社会的建筑表现形式。

为实现零（低）能耗建筑的目标，独立住宅和生态多层公寓建设中主要集成了以下节能技术措施：

（1）超低能耗围护结构

独立住宅中的超低能耗围护结构：采用高效外墙外保温系统、非水泥基 EPS100 外墙外保温体系，砂加气 200 填充墙，平均传热系数为0.32 瓦/（平方米·度）；采用高效的节能门窗系统，外窗采用真空低辐射中空塑钢窗，玻璃传热系数为 1.2 瓦/（平方米·度），外窗平均传热系数为 1.5 瓦/（平方米·度），遮阳系数为 0.72；天窗采用夹胶钢化低辐射中空塑钢窗，玻璃传热系数为 1.8 瓦/（平方米·度），外窗平均传热系数为 2.5 瓦/（平方米·度），遮阳系数为 0.69；采用倒置式保温与种植屋面相结合的屋面保温体系，屋面采用 XPS100 保温，种植屋面传热系数设计为 0.24 瓦/（平方米·度），坡屋面传热系数设计为0.31 瓦/（平方米·度）。

根据建筑设计风格和日照规律，采用多种高效智能遮阳系统，包括户外可调铝合金百叶帘（见图 7 - 13）、户外天窗遮阳帘（见图 7 - 14）、可伸缩外遮阳篷、户外卷闸百叶帘、户内百叶帘等内外遮阳系列产品，其中南窗、西窗和天窗采用外遮阳方式，北窗采用内遮阳方式；应用并展示了日光增强型百叶帘、太阳能驱动卷闸帘、太阳能驱动风光感应及无线控制器、无线遥控及编程控制器、户外 24 伏安全性遮阳帘等一些为世界领先水平的遮阳技术产品；通过固定开关、无线遥控发射器、风光感应控制器共同实现对全部遮阳帘的控制，提高其工作效率和安全性，使外窗的综合遮阳系数达到 0.4，天窗遮阳系数达到 0.2。

　　多层公寓的超低能耗围护结构：外墙采用混凝土空心砌块与 XPS 外保温体系，平均传热系数为 0.81 瓦/（平方米·度）；坡屋面采用木龙骨与 OSD 板保温体系，平均传热系数为 0.16 瓦/（平方米·度）；窗采用中空 LOW - E 塑钢窗，传热系数为 1.8 瓦/（平方米·度）。南向采用铝合金遮阳百叶帘。

图 7 - 13　户外可调铝合金百叶帘

图 7 - 14　户外天窗遮阳帘

（2）地源热泵空调系统

　　在独立住宅和多层公寓中应用地源热泵空调系统，比常规空调系统节能 20% ~ 40%，具有较高的室内热舒适性，无吹风感和噪音；地源热泵空调系统的工作原理为：冷热源为土壤热泵机组加地下埋管换热器系统；末端系统为毛细管辐射加独立除湿新风系统；土壤热泵系统的地下换热器采用垂直埋管的形式，通过地下埋管，管内的介质循环与土壤进行闭式热交换，达到供冷及供热的目的。辐射末端均选用由特制砂浆直接粘贴在顶棚上的毛细管席 KS15 系列来供冷及供暖（见图 7 - 15）。

图 7 - 15　毛细管辐射末端

（3）太阳能光伏发电

独立住宅采用 3 000 瓦太阳能光伏发电和并网技术（BIPV 系统），光伏电池每块 200 瓦，是目前世界上最大的单块光伏电池，并与屋面结构浑然一体（见图 7 - 16）。园区采用太阳能庭院灯、草坪灯（见图 7 - 17）和风光互补路灯；在理想的光照强度下，充电 4 小时即可保证景观灯 3 ~ 5 天的正常工作。据计算，一盏太阳能路灯每年可节约电费 1 000 元。

图 7 - 16　3 000 瓦太阳能 BIPV 系统

图 7 – 17　太阳能草坪灯

（4）太阳能热利用与建筑一体化

太阳能热利用与建筑一体化已成为太阳能大量推广应用的技术关键。上海生态建筑示范楼实现了太阳能热利用与建筑一体化设计：多层公寓的第二、三层阳台分别安装了 2.7 平方米和 4.2 平方米的阳台护栏悬挂式太阳能热水系统（见图 7 – 18）；独立住宅上方安装了 4.6 平方米的遮阳屋檐悬挂型太阳能建筑一体化热水系统（见图 7 – 19）。该设计不仅具有独特的美学建筑风格，而且为多层住宅建筑中规模化利用太阳能提供了工程示范，证实了其应用的可行性。

图 7 – 18　阳台护栏悬挂式
太阳能热水系统

图 7 – 19　遮阳屋檐悬挂型太阳能建筑
一体化热水系统

（5）风力发电系统

独立住宅采用了一套性能优异的涡轮式小型风力发电机（见图 7 –

20），该系统寿命长达几十年，额定功率 140 瓦，启动风速仅 2 米/秒，额定风速 15 米/秒，扫掠面积仅 0.3 平方米，比常规风力发电机可多发 50% 的电力，与建筑实现一体化设计，具有高效、美观、无噪音和使用寿命长等优点。

图 7 - 20　涡轮式小型风力发电机

（6）空气源热泵热水系统

独立住宅还应用了空气源热泵热水系统，将空气能与热泵节能技术有机结合起来，采用逆卡诺循环原理，以极少的电能通过热泵工质，吸收空气中的低温热能，其使用费用仅仅是电热水器的四分之一，燃气热水器的三分之一，是继电热水器、燃气热水器、太阳能热水器之后的第四种热水器。当环境温度为 5℃时，系统能效比达到 2.93，当环境温度为 25℃时，系统能效比达到 4.52。使用空气源热泵热水系统时还可充分利用低谷时的低电价，节约开支。

（7）相变储能材料

多层公寓第二层卧室中采用纳米石墨相变储能材料制成的蓄能罐（安置在吊顶层），用作空调相变储能装置。夏季在电力低谷时段开启空调器制冷功能，冷量便直接传入相变蓄能罐中蓄冷，待相变材料相变完全后，空调器停止运转，在电力需求高峰时段，再需要制冷时，仅需启动风机，利用空气循环换热，将蓄能罐中的冷量逐步释放到室内空间。同样，冬季相变材料可以发挥蓄热功能。这样一来，实现了电力调峰和节省电费支出的目的。

（8）家用空调系统

经对节能效果的分析可知，独立住宅全年采暖空调耗电量约3 100千瓦时（中庭不采用空调）。3 000瓦的光伏发电系统，在上海一年可发3 300千瓦时电，再加上风力发电机的发电量，可满足建筑全年采暖空调的耗电量，实现了"零能耗"住宅示范楼的节能设计目标。而多层公寓通过采取不同的节能措施，分别实现了50%和65%的节能目标。

多层公寓底层采用最新开发的家用燃气中央空调，以天然气作为动力。直接使用初级能源，可以减小城市用电负荷，优化能源结构，减少城市污染。该系统可制冷、制热并供热水，与同类空调相比节能效果明显。第二、三层复式公寓采用了一套热泵型的VRV空调系统（变制冷剂流量多联式空调系统），具有操作简单、结构紧凑、节能、舒适等优点。各房间独立调节、运行，能满足不同房间不同空调负荷的要求。

2. 资源高效循环利用

资源节约的核心是占用资源少、环境负荷小、可循环率大，上海生态建筑示范楼采用了四个方面的技术措施使资源得以高效循环利用。

（1）绿色环保材料

示范楼选用了大量绿色环保材料，采用强度高、耐久性好的高性能混凝土，减少建筑中混凝土的使用量；采用低水泥用量混凝土，利用粉煤灰和矿渣粉等工业废料取代水泥作为掺和料，变废为宝，减少自然资源、能源的消耗和二氧化碳的排放，改善环境质量；采用再生骨料混凝土，将由废旧混凝土和建筑垃圾加工制成的骨料取代天然碎石，节约天然石材资源，使混凝土成为可再生的材料。砌筑、抹灰和地面砂浆均采用了由再生骨料、粉煤灰等制成的商品砂浆，可减少天然用砂量25%、水泥用量15%，内外墙均采用由废渣、废骨料制成的加气混凝土或砌块砌筑而成。土建和装饰工程中精心选用了旧木料、废石材、废渣、旧砖碎瓦等废旧和可再生的环保材料。

（2）节水综合技术

建筑节水技术途径主要有三个：一是采用节水器具；二是采用雨污水收集回用措施；三是采取就地保水措施。

上海生态示范楼全部采用3升、6升两段型节水坐便器和节水龙头；采用雨污水处理装置回收处理雨水和生活污水，出水水质实现自动在线监测，再生水用于绿化浇水、景观补充用水和冲厕用水；步行道路和附近的停车场全部采用强度等级达到 C25 的透水混凝土就地保水，透水率为 800～1 000 毫米/（平方米·分钟），能提高地表的透水性和透气性，雨水能渗入地下，平衡地表含水，同时，可加强地表与空气的热量、水分之间的交换，有利于调节住宅周围的微气候。

（3）中央吸尘和垃圾真空分类收集

将生活垃圾分类收集可防止垃圾在运输和储存过程中对建筑物和环境造成二次污染。为减少粉尘污染，独立住宅除设计有中央吸尘系统外，还采用中央垃圾分类收集处理和传输控制系统对生活垃圾进行收集和处理利用。

（4）轻质木结构加层

为了发挥现代木框架结构技术坚固、安全、舒适、资源利用高效等特点，多层公寓顶层进行了混凝土多层结构与木结构整合的尝试（见图 7-21），为上海在旧房改造中推广应用轻质木结构加层设计进行了探索。

图 7-21 建成后的木结构加层建筑

3. 智能高品质居住环境

（1）智能家居控制系统

上海生态建筑示范楼采用先进的智能家居控制系统，主要包括以下几种：

①家电家居智能控制系统。

可设置多种模式，如离家模式、回家模式、就餐模式、睡眠模式等，并可对控制模块进行个性化控制，对不同房间中的照明灯、窗帘、电视机和遮阳棚等分别进行控制，或对多个设备进行联动控制。

②可视对讲系统。

借助住宅内的电视机或网络视频技术随时查看来访者的情况。

③家庭安防和门禁系统。

布设了煤气泄漏报警器、红外幕帘防入侵报警器、紧急求助按钮等，具有紧急触发短信功能；采用掌形门禁系统识别住户身份。

④家庭信息系统。

家庭服务网是家庭宽带网的入口，支持 ADSL、Cable Modem、FTTB + LAN 等多种宽带接入方式。

⑤远程视频监控。

用户可以随时在互联网上查看网络摄像机实时拍摄的画面，从而监控家中的情况。

⑥家庭留言功能。

当用户不在家想给家人留言时，可上网进入系统中的"家庭留言"功能区，选择预先已编写好的留言，室内可视对讲主机即可接收并显示留言。

（2）自然通风和天然采光

利用计算流体动力学模拟技术辅助设计，模拟建筑周边的风环境，独立住宅设计了可遥控开和关的 3 平方米天窗和通透明亮的中庭，辅以南高北低的建筑结构，合理的南向窗墙比为 0.45 ~ 0.5。经模拟计算，当东南主导风向、室外平均风速为 3 米/秒时，室内主要人体活动区域内的风速基本处于 0.5 ~ 1 米/秒，达到了自然通风的设计要求，从而满足了利用自然通风减少全年空调使用时间、加快换气次数和获得优质空气质量的目的。

采用光学模拟软件优化设计方案，并对建筑实际采光效果进行测试评价。模拟结果显示底楼中庭区域的照度相对较弱，而立面开窗附近的区域则照度很强，形成了一定的眩光。经对设计方案进行相应的优化，最终满足设计要求。

（3）通风隔声窗

在多层公寓中安装的双层机械通风隔声窗包含隔声系统、消声系统和通风系统。具有微小夹角的双层窗将随低谷降低，从而整体提高窗体的隔声性能；风道被设计成阻抗复合式消声器，在满足通风速率的前提下，隔离室外噪音并消减气流噪音；通风系统采用 135 立方米/小时的低噪音风机，可以分档控制风量供给，这种排风式通风隔声窗有助于改善室内的空气质量。

（4）生态绿化

独立住宅 90 平方米平屋面选用耐寒性、慢生常绿草坪实现屋顶绿化（见图 7-22），既容易进行人工保养维护，又能加强屋面保温隔热效果，同时也具备储水功能，能将 50% 的屋面降水保留在屋面上，然后再通过植物蒸发以带走热量，从而改善微气候环境。与没有屋顶绿化的同类建筑相比，在酷热的夏季白天，室内温度可降低 3℃~4℃，冬天也可节约一定的取暖费。

图 7-22　屋顶绿化

多层公寓则采用成本低、易于维护的窗台开槽绿化形式，营造美观的视觉环境（见图 7-23）。上海生态建筑示范楼东西外墙采用爬藤等垂直绿化形式（见图 7-24），既能减弱日晒强度，又能美化环境，提升居住品质。

图 7 - 23　窗台开槽绿化图　　　　图 7 - 24　垂直绿化图

4. 生态性能评估

在住宅竣工运行一段时间后，分别应用美国 LEED 评价体系、英国 Eco - Home 系统和我国《绿色建筑评价标准》对示范楼的生态性能进行自评估（见表 7 - 1）。根据表格可知，独立住宅的等级更高，说明其所采用的生态技术目前在国内外处于领先的水平；多层公寓的等级都达到了良好级，说明采用的生态技术先进实用。示范楼实现了整体设计的预期目标。

表 7 - 1　示范楼生态性能自评估结果

评估标准	独立住宅	多层公寓
LEED 评价系统	金	银
Eco - Home 系统	最好	好
《绿色建筑评价标准》	三星级（★★★）	二星级（★★）

上海生态建筑示范楼的建成，为全面展示生态建筑的理念和集成技术体系，引导我国生态建筑的研究和推广应用提供了示范平台。目前对示范楼的运营研究工作已全面开展。通过跟踪实测评价其生态技术集成体系效果，并开展新技术、新产品的应用研究，将形成适宜推广的生态技术集成体系，为房地产商建设生态建筑提供技术支撑，为我国的生态建筑设计和建造提供可行的技术借鉴。

（三）世博零碳馆

世博零碳馆是中国第一座零碳排放的公共建筑。它除利用传统的太阳能、风能实现能源自给自足外，还取用黄浦江水，利用水源热泵为房屋创造天然"空调"；用餐后留下的剩饭剩菜，将被降解为生物质能，用于发电。

从外形来看，零碳馆由两栋前后相连的四层楼建筑组成，它看上去更像是两栋造型别致的小别墅而不是展览馆（见图7–25）。两栋建筑的外观一模一样，屋顶各安装着11个红色的风帽（见图7–26），跟随风向灵活转动；房子朝南的墙壁采用的是镂空设计，装上玻璃后可自然采光；而房子北面的墙壁则被设计为斜坡状，如图7–27所示。在坡顶设置有可开启的太阳能光电板和热电板，还种了一种名叫"景天"的半肉质植物。"景天"不仅有助于防止冬天室内热量的散失，其装饰性效果还能使零碳馆从周边各展馆中脱颖而出。世博会开幕时，正是"景天"开花的季节，其功能和装饰效果得到了完美体现。

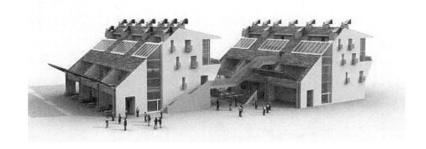

图7–25 世博零碳馆全景效果图

图7–26 零碳馆屋顶上的风帽

图7–27 零碳馆北面

零碳馆地下埋着一根细长的管道，一直通向 800 米外的黄浦江。在世博会召开期间，源源不断的黄浦江水通过馆内的水源热泵装置，为游客送来徐徐凉风。

在两栋房子中间的地面上有一个个一元硬币大小的小洞，它们是先进的雨水收集和回收系统的一部分。据初步统计，零碳馆收集的雨水水量大于建筑消耗的水量。

零碳馆采用的建筑材料是混合型水泥，其中含有 50% 的建筑废料。这种材质的水泥能对原本会污染空气的煤灰、煤矸石、矿渣等进行二次利用，保温性能很好，能减少室外热渗透，吸收室内多余热量，稳定室内气温波动，使建筑主体冬暖夏凉。

零碳馆的"绿色餐饮"是又一个节能措施的亮点。在零碳馆最北面，一套生物质锅炉被安置在一间单独的房间里。当游客用餐完毕，生物质锅炉可以把剩饭剩菜即时降解，转化成电能和热能。这套生物质能热电联产系统可以对餐厅内的一次性餐盘、叉子以及各种食物废弃物进行生物厌氧过程降解。降解完成后，最终余下的物质，还能用作生物肥，浇灌位于北坡屋顶的绿色植被。

据统计，整个展馆的造价仅比同类型的普通住宅高 15%，这也意味着零碳馆的建筑模式非常有利于大规模推广，让生态建筑不再是典型个案，而是人人都能感受、都能享用的普通建筑。

（四）上海世博会万科馆

走近世博园区 E 片区，金灿灿的万科馆一下就跃入了人们的眼帘。它的建造材料使用了天然麦秸秆板材，不仅具有防潮、阻燃等特性，还保留了麦秸秆金灿灿的视觉效果，给人以置身金黄麦田的感觉（见图 7-28）。

图 7-28　世博会万科馆

其实在国外，秸秆很早就被当作建筑材料用于建筑的建造，如今在国内也有相关技术的研究，但是一直没能得到大规模推广，使得秸秆大多只是被当成废料，其燃烧还会产生大量烟雾，污染环境。研究证实，秸秆作为一种农作物纤维，当它们被压缩成块的时候，具有极高的保温隔热性能。农作物纤维本身的隔热性能并不比其他许多材料（如玻璃纤维、纤维素或矿棉等）要好，但是厚度在45～60厘米的农作物纤维墙体的保温隔热性能非常好，且墙体本身的固化能量很低。作为一种纯天然的建筑材料，农作物纤维块有着纯自然的不规则机理，还会不时散发出淡淡的田野气息，是真正意义上的将建筑与自然融为一体。

从建筑技术的角度来分析，农作物纤维块建筑一般分为墙承重结构和梁柱结构两种。墙承重结构即在垂直面上的载荷主要由农作物纤维承受，这种方式主要用于只有一层楼高的建筑；梁柱结构则是由其他框架承受建筑的垂直载荷，农作物纤维墙只作为墙体构架间的填充物，这样在结构力学方面的计算就较简便了，多用于两层楼高的建筑。随着技术的进步，农作物纤维材料也能像木材和竹材那样，压制成板材，运用在现代建筑的各个部分，既解决了环境问题，又变废为宝，成为一种新型建材。

世博会万科馆除建筑外观整体运用环保材料外，展馆室内材料的运用也是一个亮点。展馆内第三个展厅为莫比斯环厅，其象征资源的无限循环，而垃圾的分类回收和利用也正是这个展厅的主题。值得一提的是，这个展厅的布展方式颇具匠心，从装饰上体现出了资源循环利用的主题。展厅周围的墙壁由约20万个易拉罐组合装饰，而镶嵌着巨幅LED屏幕的莫比斯环则是由许多废旧的电路板装饰起来的。莫比斯环上颜色鲜艳，纹理斑驳，四周墙壁则庄严整洁，颇具美感。废旧的垃圾只要合理利用，同样具有很大的价值。

（五）世博会"沪上·生态家"

世博会"沪上·生态家"由现代设计集团总承包，华东建筑设计研究院设计，联合同济大学、上海建筑科学研究院共同打造。总建筑面积约3 100平方米，地上四层、半地下一层，采用了里弄、山墙、老虎窗、石库门、花窗等上海地域的传统建筑元素，江南风韵十足。这是"沪上"二字的表征。

"生态"二字，体现在"风、光、影、绿、废"五个关键字。

风——"沪上·生态家"是一栋风导向建筑，迎合上海夏季主导季风方向。建筑北侧设计嵌入"生态核"，形成竖向自然通风热压拔风道，提高自然通风的效率。横向和纵向都有充足的风道，底层有导风墙，形成一个入口自然通风、遮阳的场所。

光——一方面强化自然采光，不仅设置了采光中庭和老虎窗，连水池面的反射光也考虑进去了；另一方面充分利用太阳能，除南向坡顶屋外，在南立面阳台也安装了薄膜式太阳能光伏发电系统。把太阳能光伏发电系统放在外立面，造福了非顶楼的居民。

影——建筑自体造影，南立面花窗白墙与凹进阳台错落有致，建筑自遮阳效果显著。底层入口等候区挑空，通过建筑自体形成范围较广的阴影区，免除了参观者在排队等候时的日晒之苦。遮阳棚如影随形，自动调节。如图 7-29、图 7-30 所示。

图 7-29　沪上·生态家外观图

图 7-30　南立面图

绿——选取适合上海地区的乡土植物，并有效维护。在智能化控制绿化微灌系统的支持下，实现各类植物的现场整体拼装。并可根据气候变换等轻微调整植物种类，如图 7-31 所示。

图 7-31　室内外各种植物

废——15 万块老石库门青砖，砌筑建筑立面灰墙"呼吸墙"，以及"生态核"、钢楼梯等所用的钢材，是由旧厂房拆迁回收的型钢处理而成，内隔墙材料来自建筑垃圾混凝土、脱硫石膏、长江口淤泥、粉煤灰等。

"沪上·生态家"通过对旧厂房拆迁材料的回收利用、对城市固体废弃物的循环利用，变废为宝，如图 7－32 所示。这对城市旧区改造起到了借鉴作用。

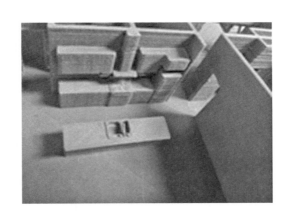

图 7－32　固体废弃物墙壁

（六）清华大学超低能耗示范楼

1. 概况

清华大学超低能耗示范楼是北京市科学技术委员会的科研项目，作为 2008 年奥运建筑的前期示范工程，旨在通过其体现奥运建筑的高科技、绿色理念、人性化。同时，超低能耗示范楼是国家"十五"科技攻关项目"绿色建筑关键技术研究"的技术集成平台，用于展示和实验各种低能耗、生态化、人性化的建筑形式及先进的技术产品，并在此基础上陆续开展建筑技术科学领域的基础与应用性研究，示范并推广系列的节能、生态、智能技术在公共建筑和住宅上的应用。

项目包括建筑物理环境控制与设施研究（声、光、热、空气质量等）、建筑材料与构造（窗、遮阳、屋顶、建筑节点、钢结构等）、建筑环境控制系统的研究（高效能源系统、新的采暖通风和空调方式及设备开发等）、建筑智能化系统研究。超低能耗示范楼还作为展示与宣传各种最新技术的"舞台"，为技术交流、知识普及搭建桥梁，并成为清华大学与企业合作开发、展示新产品的平台，也是向社会宣传、展示建筑节能和可持续发展建筑概念、技术和产品的展台。

示范楼作为技术展示和效果测试的平台，选用了近十种不同的外围护结构，基本的热工性能要求为透光体系部分（玻璃幕墙、保温门窗、采光顶）综合传热系数小于 1 瓦/（平方米·度），太阳得热系数小于 0.5，非透光体系部分（保温墙体、屋面）传热系数小于 0.3 瓦/（平方米·度）。冬季建筑物的平均热负荷仅为 0.7 瓦/平方米，最冷月的平均热负荷也只有 2.3 瓦/平方米，如果考虑室内灯光和设备等的发热量，基本可实现冬季零采暖能耗。夏季最热月整个围护结构的平均得热也只有 5.2 瓦/平方米。由于外围护结构多样，该建筑的耗冷耗热量仅为常规建筑的 10%。

2. 设施

示范楼能源和设备系统采用多项节能措施和可再生能源技术，包括照明和办公设备在内，示范楼单位面积全年总用电量指标为 40 千瓦时/平方米，仅是北京市高档办公建筑平均总用电量指标的 30%。

清华大学超低能耗示范楼是我国首个综合了示范、展示、试验功能于一体的绿色建筑，是一个以真实建筑为基础的试验台。在大楼方案论证阶段就贯穿了可更新、可调节、可拓展的思路，为未来更加深入的试验及科研创造了条件。

示范楼集成了近百项建筑节能和与绿色建筑相关的最新技术，有包括美国、德国、日本、丹麦等国外企业以及清华同方、秦皇岛耀华等国内高新技术企业在内的近 50 家单位捐赠了产品。其中，近十项产品和技术为国内首次采用。

超低能耗示范楼的建设得到了北京市各政府部门和大量专家学者的支持和帮助，于 2005 年 3 月竣工并投入使用，多种生态与节能措施的实际应用效果根据详细的测试及计量结果进行验证、调整、修正和改进，服务于我国的建筑节能及绿色建筑事业。

（1）玻璃幕墙和保温墙体

东立面和南立面采用双层皮幕墙及玻璃幕墙加水平或垂直遮阳两种

方式，综合得热系数为 1 瓦/（平方米·度），太阳能得热系数为 0.5。双层皮幕墙可根据室内外的温差调节室外空气进出风口的开合。夏季室外空气经热玻璃表面加热后升温，在幕墙夹层形成热压通风，带走向室内传递的热量；冬季进风口出风口关闭后，可减少向室内的冷风渗透。水平遮阳和垂直遮阳叶片宽度为 600 毫米，每个叶片均设置单独的自控系统，分别根据采光、视野、能量收集、太阳能集热的不同区域功能要求进行控制调节，实现冬季最大限度利用太阳能、夏季遮挡太阳辐射，同时满足室内自然采光的最佳设计。西北向采用 300 毫米厚的轻质保温外墙，铝幕墙外饰面传热系数为 0.35 瓦/（平方米·度）。外窗采用双层中空玻璃，外设保温卷帘。见图 7 - 33 和图 7 - 34。

图 7 - 33　超低能耗示范楼东侧外景图

图 7 - 34　超低能耗
示范楼西北向外景图

（2）相变蓄热活动地板

示范楼的围护结构由玻璃幕墙、轻质保温外墙组成。普通建筑热容较小、低热惯性容易导致室内温度波动大，尤其是在冬季，昼夜温差会超过 10℃。为增加建筑热惯性，使室内热环境更加稳定，示范楼采用了相变蓄热地板的设计方案。具体做法是将相变温度为 20℃～22℃的定型相变材料放置于常规的活动地板内作为部分填充物，由此形成的蓄热体在冬季的白天可蓄存由玻璃幕墙和窗户进入室内的太阳辐射热，晚上材料相变向室内放出蓄存的热量，这样室内温度波动将不超过 6℃。

活动地板架空层高度为 1.2 米，空调风道、各类水管、电缆、综合布线等均隐藏在架空层内。如此一来，不仅能保证室内干净整洁，而且不需要吊顶，房间净空高度大，能有效利用的空间也变大了。

（3）植被屋面和光导管采光系统

为提高屋顶的隔热保温性能，同时改善生态与环境质量，采用种植屋面技术，结合防水及承重要求，选用喜光、耐干燥、根系浅的低矮灌木和草皮，以适合北京地区的气候特征。同时屋顶设置光导管采光系统，利用太阳光为地下室提供光照，减少白天照明电耗。

（4）自然通风利用

室内环境控制系统优先考虑被动方式，用自然手段维持室内热舒适环境。根据北京地区的气候特点，春秋两季可通过较大换气量的自然通风带走余热，保证室内较为舒适的热环境，缩短空调系统运行的时间。

利用热压通风和风压通风的结合，根据建筑结构形式及周围环境的特点，在楼梯间和走廊设置通风竖井，分别负责不同楼层的热压通风。在建筑顶端设计玻璃烟囱，利用太阳能强化通风。此外，在建筑外立面的合适部位设置开启扇，使室外空气在风压通风的作用下可顺畅地贯穿建筑。

（5）湿度独立控制的新风处理方式

超低能耗示范楼共设置 4 台 4 000 立方米/小时新风机组，通过溶液除湿设备的处理，提供干燥的新风，消除室内的湿负荷，同时满足室内人员的新风要求。

目前，空调工程中采用的除湿方法基本上是冷冻除湿。这种方法首先将空气温度降低到露点以下，除去空气中的水分后再通过加热使空气温度回升，由此带来冷热抵消的高能耗。此外，为了达到除湿要求的低露点，要求制冷设备产生较低的温度，使得设备的制冷效率低，从而导致高能耗。

溶液除湿方式能够将除湿过程从降温过程中独立出来，利用较低品位能源进行除湿，同时减少显热冷负荷。这样不仅能够保证室内环境质量，而且还能降低空调能耗。

此外，为保证室内空气质量而要求有足够的新风，但随之而来的新风负荷却成为空调系统高能耗的原因。示范楼的新风机组可同时实现全热，回收效率超过 80% 的高效热回收，可充分利用排风中的全热，又可以保证新风不被排风污染。

（6）模块化的末端调节设备

通过溶液除湿后的新风可带走室内的湿负荷，房间内的末端装置仅负责显热部分（冷冻水温度可采用 18℃），按照干工况运行，不存在结露现象，彻底避免了潮湿表面滋长霉菌、空气质量恶化的现象。示范楼内提供模块化的空调末端配置，根据房间实际将使用功能灵活组合。办公室室内人员密度低，人员工作时间及活动区域相对固定，个人的舒适要求不尽相同，可采用冷辐射吊顶或者辐射墙来消除室内的基本显热负荷，溶液除湿后的新风通过置换通风来消除室内的基本湿负荷。工位送风则为每个办公人员个人活动区域提供送风，通过调节风口角度、出风速度来满足自身的要求。示范楼内另一类房间为报告厅和会议室，室内人员密度高，散热散湿集中，单位面积冷负荷大，且使用时间不稳定。因此除冷辐射吊顶和置换通风外，可采用仿自然风的动态风风机盘管来消除室内尖峰负荷。

（7）BCHP 系统

超低能耗示范楼采用固体燃料电池及内燃机热电联供系统，清洁燃料天然气作为能源供应，BCHP 系统总的热能利用效率可达到 85%，其中发电效率为 43%。基本供电由内燃机或者氢燃料电池供应，尖峰电负荷由电网补充。发电后的余热，冬季用于供热，夏季则当作低温热源驱动液体除湿新风机组，用于溶液的再生。

（8）高温冷水机组或直接利用地下水

配合独立湿度控制的新风机组，夏季冷冻水温度达 18℃ 即可满足供冷的要求。采用电制冷，冷冻机能效比可达到 9 以上，高效节能。另一种方式更为简单，即直接利用地下水，超低能耗示范楼所在的清华大学校园东区地表浅层水温基本稳定在 15℃，单口井出水量可达 70 立方米/小时，完全能够满足示范楼的供冷要求。地下水通过板换热后全部回灌，仅利用土壤中蓄存的冷量，不会造成地下水资源的流失。

（9）太阳能利用

超低能耗示范楼屋面装有太阳能高温热发电装置，该系统为抛物面碟式双轴跟踪聚焦，峰值发电功率为 3 千瓦。南侧立面装有 30 平方米的光伏玻璃，发电装置产生的电能用于驱动玻璃幕墙开启扇和遮阳百叶。屋顶设有太阳能集热器，所获得的热量用于除湿系统的溶液再生。

（10）智能化的控制系统

控制系统自动采集室外的日照情况，根据不同的朝向方位，调节遮阳百叶的状态，同时根据室外气象参数，决定外窗、热压通风风道、双层皮幕墙进出风口的开关。控制系统采集工作区各点的照度数据，调节百叶角度和人工照明灯具。室内的新风量根据房间内的二氧化碳浓度和湿度来调节。其余能源设备、水泵、太阳能装置等均根据负荷情况自动调节。

实时测量系统，在示范楼屋顶布置气象参数测点，测量数据包括室外温度、湿度、风速、太阳辐射强度。围护结构的测试包括各玻璃、窗框、遮阳百叶、保温墙体的表面温度、热流。环境控制系统和能源系统的测试包括各设备的运行参数，如冷辐射吊顶表面温度、送回风温度和湿度、盘管出水温度、溶液除湿系统的溶液浓度等。

（七）日月坛·微排大厦——全球最大的太阳能办公大楼

2010年，第4届世界太阳城大会主会场日月坛·微排大厦，是中国最大的太阳能大厦（办公大楼），如图7-35和图7-36所示。日月坛总建筑面积达到7.5万平方米。采用全球首创的太阳能热水供应、采暖、制冷、光伏发电（见图7-37）等技术与建筑结合，是当时世界上最大的集太阳能光热、光伏、建筑节能于一体的高层公共建筑。

图7-35　日月坛·微排大厦南面图

图7-36　日月坛·微排大厦北面图

图 7 - 37　太阳能采暖制冷技术

日月坛大厦的外观设计独具匠心，其中也融入了先进的生态设计理念。

据了解，日月坛大厦在选材上，除外层钢结构仅用鸟巢用钢量 11 万吨的 1% 钢材架设集热器外，整个建筑处处渗透着节能环保的理念，屋面、外墙采用了远远高于国家现行标准厚度的聚苯保温板。体传热系数大大降低，比节能标准低 30% 左右（见图 7 -38）。尤其是门窗、天窗和幕墙，采用了温屏节能玻璃和 BIPV 温屏光伏组件，传热系数降低为国家节能标准的一半，而且具有隔热、隔音、防露的特点。南面的窗户还采用外遮阳技术，减少夏季的热辐射，如图 7 - 39 和图 7 - 40 所示。

走进日月坛大厦，使人仿佛置身于"阿波罗神殿"，体验未来能源生活，感受使用可再生能源"微排"（温室气体）的美妙。日月坛大厦将太阳能综合利用技术与建筑节能技术相结合，不但完善了太阳能应用技术的标准体系，采用了一批具有自主知识产权的太阳能系列产品，还为太阳能的规模化推广应用提供了宝贵的技术支持，整体突破了普通建筑常规能源消耗巨大的瓶颈；综合应用了多项太阳能新技术，如吊顶辐射采暖制冷、光伏发电、光电遮阳、泳池节水、雨水收集、中水处理系统、滞水层跨季节蓄能等，并将多项节能技术发挥应用到极致。

图 7－38　外墙外保温技术

图 7－39　多种形式的外遮阳技术

图 7－40　吊顶辐射技术

（八）首都机场 T3 航站楼

首都机场 T3 航站楼（见图 7－41）由英国著名设计师诺曼·福斯特设计，建筑南北长 3 000 米，宽 1 000 米，建筑总面积约 100 万立方千米。福斯特用他的智慧，经过巧妙的设计，通过高科技手段，大大降低了航站楼的能耗。从飞机上下来，首先映入人们眼帘的是世界上独一无二的巨大月牙形挑檐（见图 7－42），挑檐东西长 700 米，几乎与天安门广场的宽度相等，挑檐最宽处为 50 米。由于航站楼外墙都是玻璃幕墙（见图 7－43），这个巨大的挑檐大大降低了阳光对航站楼内部的直射，减少了相应的能耗。

图7-41　首都机场T3航站楼鸟瞰

图7-42　航站楼月牙形挑檐　　　　图7-43　航站楼大面积玻璃幕墙

　　航站楼在通透的照明效果和舒适的温度控制方面的耗能远远低于人们的预期。航站楼屋顶设计了155个东南朝向的天窗，如图7-44所示，既可以吸收大量日光，又能避免西晒。这些带有曲面弧度的屋顶，将光线营造得层层叠叠，交织错落的光效使人如同置身森林之中。从外部看，屋顶天窗仿佛龙身上的鳞片，突出了航站楼"龙"的主题。福斯特一举多得的空间处理方式令人称奇。

图7-44　采光天窗图

二、 国外典型绿色建筑

(一) 美国建筑师协会评选的"世界十大绿色建筑"

美国建筑师协会 (American Institute of Architects, AIA) 是美国专业的建筑师协会，协会总部位于美国首都华盛顿。据《科学美国人》可知，美国建筑师协会的下属机构——环境委员会所评选出的"世界十大绿色建筑"，皆因其关注公共健康，并将环境可持续性发展的理论与建筑设计相结合而受到好评。作为世界著名的十大绿色建筑，除建筑设计本身值得后人学习之外，它们所彰显出的设计理念更值得人们反复斟酌。

这些建筑设计的宗旨是提高公众的健康水平。如建筑位置距离周边的公共交通网络不远，从而鼓励人们选择步行、骑自行车或是骑马出行。设计师还充分考虑了如何最大限度地利用自然光源，以及保证建筑内部的自然通风。在材料选择上，都使用环保建材，避免了有害气体或可吸入颗粒物的产生，从而保障建筑内部良好的空气质量。

随着生活水平不断提高，科学技术日新月异，人们对建筑的功能要求已不同往日。优秀的建筑设计不再是靠与周围环境不同的独特气质而脱颖而出，是需要考虑如何将建筑更好地融入其所处的环境中，达到建筑与环境和谐共生的最终目的。被评选出的十座优秀建筑，对其所处的环境都产生了有利影响，建筑与环境的融合使人们更乐于选择居住其中。它们都将保护自然环境作为建筑设计的关键要素。

1. 诺里斯住宅

诺里斯住宅 (见图 7-45) 是原诺里斯项目，即美国新政时期的社区发展计划推行七十五周年的标志性纪念项目。在保持原有设计理念的基础上，田纳西大学建筑与设计系的设计师们将一系列紧凑的房子延伸至中央公共区域的人行道和公路。他们认为该项目的重点在于环境可持续性设计，开发商用这些路径种植原生草和四季常青的草地以吸收相邻物业流经的雨水，并为野生动物提供食物和栖息地。该项目的屋顶采用了他们自主创新的环保设计：屋顶的雨水被收集后，经过紫外灯和活性炭过滤处理，可用于冲洗厕所和洗涤衣服，而排放的灰色水则渗透到地下。在住宅内部，开发商采用具有挥发性的有机化合物涂料，以保障室内空气质量和居民的健康。

图 7 – 45　诺里斯住宅

2. 基林公寓

以科学家 Charles D. Keeling 的名字命名的基林公寓（见图 7 – 46），位于美国加利福尼亚大学圣地亚哥分校里维尔校区西南角，可俯瞰该地区的海岸峭壁。利用其沿海的地理位置，建筑设计采用了自然加热和冷却方式，所以建筑内可以不使用空调。建筑以及建筑窗户的设计使建筑可以通过海风调节室内温度，所设计的一个室内庭院可以最大限度地吸收日光，朝阳房间的温度得以升高。

图 7 – 46　基林公寓

3. 钟影大厦

钟影大厦（见图7-47）位于美国密尔沃基，是一座体现社会公平、环境可持续性发展的建筑。建筑利用废弃的材料建造，采用自然的加热和冷却方式，拥有一个非营利团体为大厦租户以及周边社区提供卫生医疗服务。例如位于大厦顶层的 Walker's Point 诊所为没有医疗保险的病人提供免费的基础医疗。密尔沃基属于温带大陆性湿润气候，温度和湿度变化较大，因此采用地下水源热泵的供暖和制冷系统。进一步来说，设计师通过环境可持续性设计，努力降低了大厦对该系统的依赖性。当地每年的4月和10月温度变化较大，在气温较低的月份，朝南的房间使用阳光屏以获取更多的太阳能；在气温较高的月份，良好的通风将室外凉爽的空气引入室内，降低大厦内部的温度。

图7-47　钟影大厦（局部）

4. 联邦中心

受2009年《美国复苏与再投资法案》（ARRA）的资助，美国在一块五英亩的棕色地块上将联邦中心南楼改建成为华盛顿州西雅图西北区美国陆军工程兵部队（USACE）总部（见图7-48），新的总部位列全美节能办公建筑的前1%强，并以较好的成绩获得"能源之星"标志。该地块使用了可再生材料、可再生地板、可再生木材，是全美第一个使用复合地板系统的建筑。建筑排放的废水经过滤之后汇集到池塘和雨水花园。由雨水再利用系统收集处理之后的雨水可用于冲洗厕所、灌溉屋顶，同时还可以为屋顶降温，该系统可以减少近80%饮用水的使用，并降低14%的灌溉水需求。

图7-48　美国陆军工程兵部队总部

5. 玛琳乡村学校

玛琳乡村学校（见图7-49）位置环山，与旧金山湾分水岭相连。学校的设计主要是为了减少径流，恢复相邻溪流和收集屋顶雨水以循环再利用。学校的景观设计考虑了环境可持续发展的理念，采用本地耐旱植物，以减少灌溉。因为建筑的功用性明确，所以设计师在设计时将为儿童提供自然光源和良好的通风作为首要条件，学校周边开阔的空间创造了良好的空气流通效果，太阳能管天窗通风井将自然光源引入每间教室。学校地处加利福尼亚州，该州的建筑法律对发展可持续性的绿色建筑有着积极的推动作用。2004年，该州开展了绿色建筑倡议，计划到2015年全州建筑能耗总量将减少20%。2010年，该州制定了一套绿色建筑标准，是全美第一套关于全州水使用、污染和废物处理的管理制度。

6. 梅里特高级公寓

梅里特高级公寓（见图7-50）位于奥克兰唐人街的边缘，这个经济实惠的高级住宅发展项目是近梅里特湖区域中转站地产发展项目中的第一个项目，该建筑所处的良好位置确保了入住居民在交通方面的便利。另外，景观设计专门选用了当地原生植被，并优先考虑适合当地鸟类的植物，让居民可以观赏鸟类和聆听鸟鸣。由于梅里特的大部分居民都是低收入者，建筑的能源系统采用了降低能源消耗的设计，以减少居民在能源费用方面的支出。建筑靠近城市的主要高速公路，建筑师设计了低容量通风循环系统安装在每个房间。建筑所需的70%热量都由屋顶太阳能热水器提供。此外，屋顶上安装的光伏发电板可为建筑公共区域提供照明。

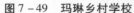

图7-49　玛琳乡村学校

图7-50　梅里特高级公寓

7. 福古斯大厦

福古斯大厦（见图7-51）是一个重建项目，位于得克萨斯州圣安东尼奥，占地超过105 000平方米。该项目将一座废弃的珍珠啤酒厂改建成一个多用途地产，其中既有住宅建筑也有商业建筑。新建筑采用屋顶光伏阵列供电系统，可满足建筑整体25%以上的用电量。雨水采集和回收系统可减少74%的饮用水消耗。其主要利用吊扇来调节建筑内部温度。原有珍珠啤酒厂64%的地块都被重新利用。设计团队将啤酒厂部分设施如啤酒大桶和机械基础进行翻修，改造为新建筑的功能组件，如雨水蓄水池等。为了最大限度地加强楼宇自然通风和引入自然光源，建筑中还设计了通风廊和导向灯光监控网。

8. 旧金山市公用事业委员会大楼

旧金山市公用事业委员会大楼（见图7-52）的设计焦点在于建筑内部的灯光。该建筑的照明设计采用性能突出的高能效灯具，可为每一个空间提供高水准照明。光伏发电和风能为建筑提供了高达70%的电能需求。预计在75年的使用年限中节约高达1.18亿美元的能源成本。

整个建筑均采用低挥发性材料以保障用户的健康，并保证室内的空气质量。所有非饮用水都由水处理系统提供。

图 7 - 51　福古斯大厦　　　　图 7 - 52　旧金山市公用事业委员会大楼

9. 斯文森工程大厦

斯文森工程大厦（见图 7 - 53）位于明尼苏达大学德卢斯分校北部，是一栋两层高的综合性大楼。该建筑将教师办公室、学生工作区、教室、结构和液压实验室建为一体。因为该地区的排水系统与受保护的鳟鱼流域相连，所以设计团队采用透水性地砖铺装，并设计有雨水花园和一个地下雨水储存系统，用来收集与处理 90% 的降水。此外，几乎四分之一的建筑屋顶表面都被植物所覆盖。

10. 阴阳楼

阴阳楼（见图 7 - 54）位于加利福尼亚州的威尼斯，是一个集家庭和办公空间于一体的住宅项目。该建筑为改建项目，保留了原有的建于 1963 年的近 1 200 平方米住宅部分，改建中增加了屋顶绿化、一个独立的雨水循环系统，景观设计选取了耐旱本土植物。为了改善室内空气质量，减少污染，阴阳楼设计团队采用了无甲醛的柜子、低挥发性的有机化合物涂料、天然石材和低汞荧光灯具。设计中采用了 12 千瓦的太阳能电池阵列为住宅提供 100% 的电力需求。太阳能通风烟囱以及可调节的窗户和天窗，避免了机械冷却的耗能；可调节窗户经过设计师的精心规划设计，可以促进室内热空气上升，并流通至每个房间。

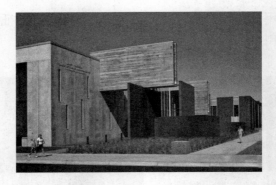

图 7-53　斯文森工程大厦

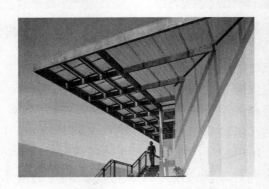

图 7-54　阴阳楼

（二）日本绿色建筑

1. 日本"零排放住宅"

日本"零排放住宅"总建筑面积 196.57 平方米，如图 7-55 所示。该住宅依据"降低生活中和住宅生产时的排碳量""实践循环型环保"以及"恢复生态链"三个基本概念设计建造而成，作为未来型住宅，它在创造舒适生活的同时，实现了二氧化碳减排量超过二氧化碳排放量的目标，是具体体现"无碳生活"的理想环保住宅。

日本"零排放住宅"在"降低生活中和住宅生产时的排碳量"方面，采用了"新一代住宅节能标准"，装有"燃气发电供热复合设备"和"空气热泵热水器"等高效热水器以及太阳能发电设备，综合利用创能技术和节能技术实现生活中二氧化碳减排量与排放量的差值约为零的理想效果。

另外，它通过采用完全工厂化的钢结构住宅体系以实现生产、建设、使用和拆除全过程的二氧化碳零排放。在"实践循环型环保"方面，完全工厂化住宅生产方式的采用实现了生产、建造、售后、改造过程中的无填埋处理，无不伴随热回收中焚烧处理的"零排废"。此外，日本"零排放住宅"还尝试采用了以"信息传递标识"为依托的新一代零排废收集识别系统以及既可提高原料生产效率，又可减少排废量的原材料投入平衡的会计管理方法。在"恢复生态链"方面，采用了以当地树种和植被为中心的庭院绿化形式并实施了注重木材循环再利用的采购方针。

图 7 - 55　日本"零排放住宅"外观图

2. 日本五层联排别墅

　　在日本，已出现未来真正意义上的绿色建筑——位于日本东京的五层联排别墅（见图 7 - 56）。由日本著名建筑师西泽立卫（Ryue Nishiza-wa）设计建造，它坐落在东京密集的商业区，为两位作家生活工作的场所。

　　因建筑的基地只有四米宽，所以西泽立卫的设计中完全采用了玻璃墙，以避免空间感进一步被压缩，四周完整的玻璃墙同时使建筑内部获得了充足的光线。

　　花园分布在住宅的各个角落，每一层都不缺乏绿色。建筑内部采用螺旋楼梯，优美的弧线穿过厚厚的混凝土楼板，直接通往屋顶的花园。

图 7 - 56　日本东京五层联排别墅外观

3. 日本的透明房子

如图 7 - 57 所示，日本的这套透明房子坐落在东京的一个街区，房子的主人即为设计者，从事建筑工作。这里原本是个旧房，设计者将其全部拆掉，重新建了这栋三层的复式住宅。

房子几乎由框架和玻璃构成，从外面看是一栋透明的房屋。房屋总面积为 280 平方米，设有客厅、餐厅、厨房、书房、卧室、卫生间以及露天车库。

图 7 - 57　日本东京的透明房子

4. 日本的树枝建筑

如图 7-58 所示，位于东京的树枝建筑于 2014 年由藤本壮介建筑设计事务所设计，共四层，其树枝形状别具一格，具有良好的绿化效果。

图 7-58　日本东京的树枝建筑

（三）丹麦"绿色灯塔"

丹麦"绿色灯塔"位于哥本哈根市的哥本哈根大学校园内，"绿色灯塔"项目是丹麦迄今为止按照碳中和理论设计的第一个公共建筑，见图7-59至图7-61。该建筑为三层的圆形建筑，总建筑面积950平方米。为哥本哈根大学科学系学生的学习、生活、就业管理咨询中心。"绿色灯塔"是二氧化碳零排放的生态型建筑。

图7-59 丹麦"绿色灯塔"圆柱形外观　　图7-60 丹麦"绿色灯塔"露台夜景

图7-61 丹麦"绿色灯塔"中庭

（四）德国斯图加特"零能耗"中央车站

斯图加特是德国南部较大的城市之一，坐落于一个位于山谷尽头的受多面峭壁约束的盆地，在地理上处于一个死胡同。19世纪建设铁路时，铁轨从敞开的北面进入，穿过山谷到达斯图加特总站，然后又折返回北面离开山谷；铁轨把山谷和城市分割开，城市的发展因而受到了很大的限制。这个位于死角的终点站很不适合当代高速铁路的发展，因为它阻碍了快速旅程的延续和交通流线的顺畅。

20 世纪 90 年代，联邦政府、州政府和铁路公司提出了一个名为"斯图加特 21"的项目来解决这一问题，并开展了一个为新火车站而创设的竞赛，最后的获胜者是杜塞尔多夫的一家建筑事务所。至 2006 年，已经过无数次修改和细致的提炼，设计为：铁轨被一个 420 米长的具有极简抽象主义的混凝土贝壳状建筑物覆盖；拱状的贝壳被 28 个"光眼"支撑，它们是一种结构柱，向上张开，像一个倒置的钟，日光通过它们进入建筑内部。见图 7 – 62 和图 7 – 63。

图 7 – 62　斯图加特中央车站顶部绿化及采光

图 7 – 63　斯图加特中央车站站台

建筑物的几何形态及建造极其复杂，跨过车站的混凝土贝壳的最薄处只有 8 厘米厚。三维透视图展示了这是一个和谐、自然、完整的设计。建造虽复杂，但看起来很简单。由于铁轨位于一个斜坡上，所以每个"光眼"的柱子的高度并不相同，为 8 ~ 13.5 米不等；每一根柱子看起来都轻如羽毛，几乎没有重量，而这恰是这家建筑事务所的典型设计。其致力于实现"消失的美感，让事物更轻"，还认为建筑应该少些修饰和造作。但这些很轻的柱子集成了很多功能：建筑结构柱、支撑外壳、反射光线等。

作为"零能耗"车站，其节能、绿色、环保的特点被归纳为如下几点：

一是生态化、可持续性的概念。

斯图加特中央车站将标志着德国南部与欧洲高速铁路网连接的实现。这个项目考虑了绿色生态、节约资源以及可持续性。扩展本地公共铁路运输本身就是生态的，这一点在火车站独特的建筑中也有所反映，这种独特性包括零土地的使用以及节约建筑材料的方法。斯图加特新火车站在材料使用上为最优化，同时让能源使用最小化。由于混凝土结构始终处于受压状态，所以建筑钢材的使用量极少；通过优化壳结构的厚度，尽可能减少混凝土的使用量。

不同的景观、基础设施、城市规划和建筑特征的相互作用，合法透明的规划程序，以及设计、建筑、后勤的优化在项目中的运用，构成了这个项目的显著特色。斯图加特新中央车站不仅是空间与设计和谐一致的例子，还是一个复杂的功能系统，智慧地使用了自然能源来满足车站的运行，提高了使用者的舒适感；与此同时，二氧化碳的排放大量减少——这都来源于零能源概念。

图 7 - 64　斯图加特中央车站候车室

二是基于本地建筑与城市景观条件的可持续创新。

1997 年举行的为斯图加特总站而创设的竞赛，设计目的是用新的低于水平面的、通过型的车站来代替现有的终点站，并且在由拆除现有铁轨而释放的空地上建造一个新区。为了实现这一功能，靠近车站的城堡公园看来像是不可避免地要被毁坏，因此，关键的挑战在于既要穿过山谷与公园，又要将城堡公园完整无损地保留下来。现存公园与规划中的铁路的高差为 10 ~ 12 米，足够确保火车的高速通过以及车站大厅的建设，这要求设计一个最小高度的建筑来给车站及车站上方的公园提供最大的空间。

城堡公园已经成为斯图加特一道具有历史意义的生态风景。作为斯图加特的主要开放空间，城堡公园连接着城市中心与内卡河。设计者在处理这个项目时，着眼于保护和强化这个特别区域，城堡公园将继续保留为斯图加特的"绿肺"，并且中央车站的设计将为这个城市回报一个面积更大的城堡公园。

低资源与低能源消耗的斯图加特中央车站将被设计为建立在自然条件及现场条件基础上的一个综合体。其优先考虑旅客的舒适性，充分利用土壤的自然冷热存储机制，从而减少制冷和供热系统的使用；充分利用和"光眼"连接的通道通风，因为这些"光眼"都可以打开。由于得益于自然能源的使用，车站没有二氧化碳排放。

"光眼"均匀分布在月台上方，保证了每天长达 14 小时的充足的自然光的供应。大厅的拱顶和开孔使自然光均匀分布，确保了即使是在糟糕的天气里，大厅的亮度也让人感到舒适。在晚上，壳结构的内侧表面被用于反射人造光。为减少二氧化碳的排放，车站照明系统的能源来自生态电能或太阳能电池。见图 7 - 65。

图 7 - 65　斯图加特中央车站顶部采光及通风

三是优化的结构设计。

设计师们开发了一个跨度为 36 米而壳厚度大约为 35 厘米的结构，这是一个采用混凝土受压结构的连续的三维空间。目的是将屋顶的结构高度最小化，同时最大化车站大厅的内部净高。完全平滑张力模型常被用于最小表面结构。如果把这个模型倒转 180 度，则这种拱形增强壳结构只承受纯粹的压力，这就可以导出纯压力壳结构下的最小结构高度。漏斗杯状的"光眼"来源于壳结构中的肥皂膜模型环状眼。单个"光眼"以及漏斗支撑与槽状墙连接的进一步实验性研发依靠的是悬浮链模型。模型的探索在并行使用基于 CAD 的最小表面区域程序的情况下取得进展。设计师将实际模型与数字模型进行了对比，对比的结果是完整的车站大厅的全三维量模型的基础。优化的结构形式随着三维模型的进展，最先得出了关于杯状支撑的有限元素模型，该模型表明了设计的结构的可行性，且优化了几何形状。这个结果进一步应用于局部的几个杯状支撑，最终应用于整个屋顶的有限元素模型。

车站大厅的支撑结构是拱状的、无缝的混凝土壳结构。拱状系统包括 28 个相同的模块元素、杯状支撑、4 个月台之间的部分以及长长的外墙。每个杯状支撑在设计图上是六角形。每个角点位于 40 米的圆上。壳屋顶的上表面是平的，下表面则随着力的传递方向而弯曲，这样使得壳顶的中央彻底倾斜，以确保壳顶的垂直载荷可通过薄膜应力及挠度传递。设计师在开发了杯状支撑的几何形状后，又通过三维模型方法对其进行不断优化，使得所有的标准杯状支撑都用同一个模型制造。在得到几何形状的双曲率后（这是制造反向模壳所必须的），考虑到模壳的再使用，模壳表面用不锈钢制造。在经过有关技术要求、表面质量、颜色等不同的可行性研究后，最终决定使用自密实混凝土制造壳结构。

令人遗憾的是，这项原定耗时 9 年，预算 45 亿欧元的项目，自 2010 年实施之初就遭到当地居民的反对，2011 年以斯图加特全民公投的方式，确认继续实施该项目。之后预算一再提高，如今施工进程缓慢，预计 2025 年完工。见图 7 - 66 至图 7 - 68。

图 7 – 66　斯图加特中央车站内部结构及采光

图 7 – 67　斯图加特中央车站外部结构

图 7 – 68　斯图加特中央车站大厅

（五）*edie* 杂志评选的 2019 年欧洲十大绿色建筑

世界绿色建筑周的目的是反思当前进展以及计划未来行动，为了纪念世界绿色建筑周，*edie* 杂志评选出了十座具有最佳实践可持续性的欧洲建筑。全球设计和建筑公司甘斯勒的最新研究再次展示了建筑环境部门对气候的影响，得出的结论是：在 2018 年全球能源使用情况中，现有建筑物和新建筑项目占人造温室气体排放量的 40%，占全球能源使用量的 50%。因此，在全球人口将在 2050 年首次超过 100 亿，以及未来 30 年内居住在城市的人类比例达到历史最大的情况下，改造建筑物对于实现全球气候目标至关重要，这绝非易事。为了促进这种转变，世界绿色建筑委员会每年 9 月都会举办世界绿色建筑周。2020 年通过策划与纽约联合国气候峰会联合的活动，该机构呼吁该行业内的所有公司制定雄心勃勃的目标，到 2030 年消除建筑各环节中的碳排放。2020年，该机构努力解决各种排放以及运营方面的问题，并一直在鼓励成员们在气候问题上采取积极主义者的立场。尽管面临着重重挑战，但仍取得了很多进展，有最佳实践的例子。下面着重介绍十座被认为是欧洲最具可持续性的，同时又不影响功能和美观的建筑：

1. 英国彭博社伦敦总部

彭博社称其伦敦办公室（位于维多利亚女王街 3 号）是"迄今为止在可持续发展方面的最大成就"（见图 7 - 69）。该建筑物在英国建筑研究院环境评估中获得 98.5% 的认证，被评为杰出项目。与同类设施相比，该建筑物的用水量减少了 73%，能源消耗减少了 35%，在此过程中碳排放量减少了 35%。节省的部分原因是建筑物本身的结构——它以螺旋楼梯为中心，采用可持续采购的木材制成，并设有采用仿生技术的天花板。还有部分原因是其自然通风系统和现场雨水处理设施。为了使游客了解这些优点，该建筑配有绿色植物"生活墙"，并采用仿生原理增加了多种装饰元素。

图 7 – 69　英国彭博社伦敦总部

2. 英国剑桥"生态清真寺"

由伦敦眼的建筑公司设计,英国第一座"生态清真寺"(见图 7 –
70)被设计成是朝拜者的"平静绿洲",符合将自然置于现代信仰的核
心位置的要求。剑桥清真寺一次可以容纳多达 1 000 名信徒,清真寺由
可持续采购的木材和低碳材料制成。它完全使用本地生产的可再生电力
供电,并配有大型天窗以及被动式加热和冷却系统等,以最大限度地降
低能耗。

它最引人注目的特色是邻近的社区花园,该社区已种植了 20 多棵
柏树,旨在为该地营造"可渗透的绿色边缘"。还设置了雨水收集系
统,用于冲洗和灌溉。

图 7 – 70　英国剑桥的"生态清真寺"

3. 比利时最大的太阳能屋顶

太阳能屋顶的好处,在根特市的安赛乐米塔尔旗舰店的一个完成了

27 000 片太阳能板安装的项目中可略窥一斑（见图 7-71）。该项目中，太阳能阵列每年将产生 1 000 万千瓦时的电力，将成为该工厂现有的 10 台风力涡轮机和另外 2 台涡轮机的有力补充，完整的项目目前正处于计划阶段。迄今为止，该工厂已成功将其碳排放量减少了 25%，这是安赛乐米塔尔声称的一项壮举，与《巴黎协定》相符。该工厂有望进一步转型，力争到 21 世纪中叶实现碳中和。

图 7-71　比利时最大的太阳能屋顶

4. 英国伦敦"水晶大厦"

作为可持续生活与发展话题的全球中心，英国伦敦"水晶大厦"（见图 7-72）于 2012 年开业，这是一座展示未来城市面貌和可持续发展成果的展览中心。该地区的绿色企业区政策涵盖了位于东伦敦维多利亚码头的 18 000 平方米场地，因此，在可持续性方面必须以身作则。"水晶大厦"的内置功能包括三层玻璃窗、现场太阳能发电、地源热泵系统、数字建筑物管理系统和屋顶雨水收集系统等。将水收集到屋顶后，再将其输送到地下一个 30 立方米的储水箱中，用于冲厕。该建筑的目的是证明所展示的技术对于现代的、未来的建筑是理想的——这种信息不仅通过其设计传达，而且通过其内容传达。英国伦敦"水晶大厦"是关于可持续城市发展的常设展览所在地，绿色经济协会的成员经常在此举办活动。

图 7 - 72　英国伦敦水晶大厦

5. 英国曼彻斯特天使广场

英国曼彻斯特天使广场是一座杰出的建筑（见图 7 - 73）。从美学的角度讲，它被比作船只或切片的鸡蛋；从可持续性的角度来看，它产生的可再生能源超过其消耗的能源，并实现运营零碳排放。天使广场曾可随时容纳 4 000 名员工，大部分是开放空间，使用 LED 和窗户采光，从而最大限度地提高太阳能的获取能力。它的电力需求完全通过现场发电来满足，其热量需求通过热电联产系统运行。雨水收集和回收利用、废热回收和绝热冷却系统是其主要的绿色功能。

图 7 - 73　英国曼彻斯特天使广场

6. 荷兰蒂尔堡"The Tube"

荷兰蒂尔堡"The Tube"的正式名称是"New Logic Ⅲ",它由一家物流公司运营,是该公司的总部和主要分销中心(见图7-74)。除了引人注目的设计外,该建筑还拥有三层玻璃窗、额外的隔热层、地源供暖系统和自动控制的 LED 照明。内置电动汽车充电站和建筑物管理系统,该系统可定期监视能源使用、水消耗和二氧化碳浓度等情况。The Tube 的屋顶装有 11 600 块太阳能电池板,产生的电能多于其消耗的电能,并将剩余的电能返还给电网。

图7-74　荷兰蒂尔堡"The Tube"

7. 荷兰阿姆斯特丹"The Edge"

2015 年初落成的"The Edge"大厦是全球著名金融服务机构德勤会计师事务所在荷兰阿姆斯特丹的总部大楼(见图7-75)。这座40 000 平方米的建筑被评为 BREEAM "杰出"建筑,100 分总分获得了98 分。它类似于一座巨型透明温室,最大限度地减少了照明所需的能源消耗。南立面特别用太阳能膜覆盖,该膜可产生为办公室的以太网连接 LED 照明供电所需的电力。该以太网系统使用灯作为传感器,加上灯泡、传输数据以控制能源管理网络。至于采暖,建筑物下方已安装了蓄水层热能存储系统。

图 7 – 75　荷兰阿姆斯特丹"The Edge"

8. 西班牙马托雷尔工厂

　　西班牙马托雷尔工厂位于西班牙巴塞罗那附近，它不仅是拥有7 000多人的工作场所，还是绿色技术的试验台，如有30 000平方米的自动清洁人行道。马托雷尔工厂通过将二氧化钛添加到水泥中而制成的光催化铺路平板，可将污染物一氧化二氮转化为水溶性硝酸盐。马托雷尔工厂在全球汽车工厂中拥有最大的屋顶太阳能电池板的场所——车间屋顶和临时车辆存放区域中的53 000块太阳能电池板每年将产生1 500万千瓦时的清洁能源，再配合热电联产系统，每年将会产生工厂90%的热量消耗和50%的电力消耗。

图 7 – 76　西班牙马托雷尔工厂

9. 匈牙利布达佩斯斯堪斯卡办公室

位于布达佩斯的斯堪斯卡旗舰办公大楼被称为"Northern Light"（见图 7-77），已通过 WELL 认证和 LEED 认证。其建设的第一阶段和第二阶段使用了 10% 的可回收材料，这些复杂功能部件包括内置功能，例如节水装置和配件以及排放监控系统。第三阶段于 2020 年完成，新增 2 400 平方米的花园、自行车存放设施和 EV 充电站网络。在可持续发展方面，斯堪斯卡在布拉格的办公大楼同样令人印象深刻，是中欧和东欧地区首家获得 WELL 认证的建筑，环境优美，设有无源照明和冷却系统。

图 7-77　匈牙利布达佩斯斯堪斯卡办公室

10. 宜家英国格林尼治店

宜家在英国格林尼治的门店于 2019 年 2 月开业（见图 7-78）。此门店占地 32 000 平方米，被认证为 BREEAM"杰出"等级，设有地源供暖系统、雨水收集设施和节能照明，以及社区花园和 2 600 片屋顶太阳能电池板，可满足 50% ~80% 的门店能源需求。随着科技不断进步，科技在建筑领域中的应用越来越集中和高效，未来会有越来越多更节能环保、更加具有可持续性发展特性且美观耐用的建筑物面世。

图 7 – 78　宜家英国格林尼治店

（六）新加坡绿色建筑

1．建筑朝向

如新加坡国家图书馆的主题朝向设计，使得建筑物受太阳光的辐射降到最低，其弯曲的建筑造型满足了建筑物南北朝向的理想要求，如图 7 – 79 所示。

图 7 – 79　新加坡国家图书馆

2. 建筑遮阳技术

新加坡的新建建筑均采用遮阳技术，避免阳光直射，防止室内过热或造成强烈眩光，如图7-80所示。

图7-80　遮阳技术

3. 建筑自然采光技术

将自然光引入建筑内部，且将其按一定方式分配，以提供比人工光源更理想、更好的照明。自然光不但可以减少照明用电，还可以营造一个动态的室内环境，使人在视觉上更加舒适，放松神经，有益身心健康，如图7-81所示。

图7-81 自然采光技术

4. 自然通风与底层架空设计

如新加坡国家图书馆的底层架空设计，一方面增加了人们活动的空间，方便公众穿行；另一方面开阔了城市街区的视野，打通城市街区，促进了建筑的自然通风，如图7-82所示。

图7-82 新加坡国家图书馆的自然通风与底层架空设计

5. 建筑绿化技术

如新加坡国家图书馆建造的空中花园及屋顶花园，目的是减弱热岛效应。十层空中花园的景观面积占总建筑面积的 3%，地面景观面积占场地面积的 35%、占总建筑面积的 8%。南洋理工大学也建有类似的空中花园及屋顶花园，如图 7 – 83 所示。

图 7 – 83　绿化技术

6. 太阳能利用技术

广泛采用太阳能光伏发电技术，节能环保，如图 7 – 84 所示。

图 7 – 84　太阳能利用技术的运用

7．建材循环利用技术

大量使用预制构件和部件，实现建材再循环利用。如使用木质地板，见图 7 - 85。

图 7 - 85　建材循环利用技术的运用

8．中水处理及海水淡化系统

新加坡水资源缺乏，通过使用节水器具和采取雨水收集、中水处理及海水淡化等节水措施，缓解用水紧张的局面，如图 7 - 86 所示。

图 7 - 86　中水处理及海水淡化系统的运用

参考文献

［1］中华人民共和国住房和城乡建设部．GB/T 50378—2014．绿色建筑评价标准［S］．北京：中国标准出版社，2014.

［2］曾捷．绿色建筑［M］．北京：中国建筑工业出版社，2010.

［3］杨晚生，等．绿色建筑应用技术［M］．北京：化学工业出版社，2011.

［4］张明顺，等．绿色建筑开发手册［M］．北京：化学工业出版社，2014.

［5］汪维．上海绿色建筑示范工程·生态住宅示范楼［M］．北京：中国建筑工业出版社，2006.

［6］史洪．生态建筑入门［M］．南京：东南大学出版社，2010.

［7］刘敏，张琳，廖佳丽，等．绿色建筑发展与推广研究［M］．北京：经济管理出版社，2012.

［8］王怡．工业建筑节能［M］．北京：中国建筑工业出版社，2018.

［9］张凤．大型公共建筑绿色低碳研究［M］．北京：中国建筑工业出版社，2018.

［10］谢秉正．绿色智能建筑工程技术［M］．南京：东南大学出版社，2007.

［11］杨丽．绿色建筑设计——建筑节能［M］．上海：同济大学出版社，2019.

［12］张长清，周万良，魏小胜．建筑装饰材料［M］．武汉：华中科技大学出版社，2011.

［13］宋德萱，赵秀玲．节能建筑设计与技术［M］．北京：中国建筑工业出版社，2015.

［14］李汉章．建筑节能技术指南［M］．北京：中国建筑工业出版社，2006.

［15］新能源与可再生能源网．http：//www.crein.org.cn/.